Dietbert Arnold

Hartmut Rolofs

Pferdewirtprüfung [Bd. 5]

- Genetik -

Dieses Buch gehört: ....

Foto: Nils Arnold

Dietbert Arnold, Bremen

- von der HK Bremen öffentlich bestellter und vereidigter Sachverständiger für Pferdezucht und -haltung
- Berufsschullehrer für Pferdewirte
- Bundessachverständiger der Neuordnung Beruf Pferdewirt
- Mitglied in zahlreichen Prüfungsausschüssen des Berufes Pferdewirt
- Fachbuch- und Fachsoftwareautor
- Betreiber der Internetplatform pferdewirtprüfung.de

Hartmut Rolofs, Rietberg

- Studium Agrarwissenschaft, Schwerpunkt Genetik
- Leiter eines Vollblutgestüts
- Referent in der Pferdewirt- und Pferdewirtschafts-meisterausbildung
- Mitglied der Zuchtkommission des Direktoriums für Vollblutzucht und Rennen
- Mitglied in zahlreichen Prüfungsausschüssen des Berufes Pferdewirt
- Bundessachverständiger der Neuordnung Beruf Pferdewirt

Kontakt **www.hippologe.de**

Bibliografische Information der Deutschen Bibliothek

Die Deutsche Bibliothek verzeichnet diese Publikation in der Deutschen Nationalbibliothek; detaillierte bibliografische Daten sind im Internet über http://dnb.d-nb.de abrufbar

© 2011 Dietbert Arnold, Bremen, 2. Auflage

Herstellung und Verlag: Books on Demand GmbH, Norderstedt

ISBN 978-3-84234-882-0

INHALT

ABBILDUNGEN

DISCLAIMER

Die Inhalte dieses Buches sind mit größtmöglicher Sorgfalt erstellt worden. Die Autoren übernehmen jedoch keine Gewähr für die Richtigkeit, Vollständigkeit und Aktualität der bereitgestellten Inhalte.

Die in diesem Buch aufgeführten Daten sind Standardwerte zur Orientierung und können in der Praxis sowie bei lebenden Tieren durchaus hiervon abweichen.

Historie

Ursprünge der Pferdezucht und Reiterei

Die Domestikation (Haustierwerdung) und damit die Zucht und Haltung von Pferden reicht bis weit vor der Zeitwende bis in die heutige Zeit hinein. Interessanterweise ist das Zentrum der Domestikation für die meisten landwirtschaftlichen Nutztiere, so auch des Pferdes, Zentralasien. Aber auch heute noch finden Überstellungen von Wildtieren in den Haustierstand statt: Straußenvögel, Fische, Reptilien sowie Antilopen und Gazellen werden mittlerweile züchterisch bearbeitet.

ABBILDUNG 1: PFERDEDARSTELLUNG IN DEN HÖHLEN VON LASCAUX (SÜDFRANKREICH), 15.000 - 17.000 V.CHR.)

Die Vorfahren unserer heutigen Pferde wurden zunächst vom Menschen als Fleischlieferanten genutzt und erlegt, indem man die Pferde über

Klippenränder jagte, einzeln erlegte oder in Fallen fing. Nach neueren Erkenntnissen lassen sich erste Haustiere in Südosteuropa, im Gebiet zwischen Dnjepr und mittlerer Wolga, bereits 5500 v. Chr. nachweisen, unter Umständen können frühere Funde in Zentralasien sogar eine Domestizierung des Pferdes um 6000 v. Chr. belegen. Hauspferde sind für China seit 5000 v. Chr. und in Südturkmenien seit 4000 v. Chr. nachweisbar, in Ägypten 2000 v. Chr.. Das Reiten von Pferden hat eine mindestens 4000jährige Geschichte.

ABBILDUNG 2: REITER 800 V. CHR, ZYPERN (LOUVRE, PARIS)

Der Wechsel vom gejagten Fleischlieferanten zum Reit- und Wagenpferd dokumentiert gleichzeitig die Sonderrolle, die das Pferd durch die Jahrtausende hinweg gegenüber anderen auszeichnete: Das Pferd vor dem Kampfwagen oder etwas später als Reittier war lange Zeit kriegsentscheidend, so z. B. bei den Skythen, Tataren, Hunnen, Mongolen, Türken und auch bei den Römern und Germanen. Selbst im 2. Weltkrieg war das Pferd noch von großer strategischer Bedeutung.

ABBILDUNG 3:PFERDEDARSTELLUNG, GRIECHENLAND 500 V. CHR. (LOUVRE, PARIS)

Hippologische Fachbücher sind seit 800 v. Chr. bekannt. Kikkuli, ein Hippologe des Hethiterreiches (heute östliche Türkei und Syrien), veröffentlichte seinerzeit – modern ausgedrückt – einen Intervalltrainingsplan für Kriegswagenpferde.

Merke: Die Domestikation (Haustierwerdung) des Pferdes begann vor etwa 5.000 bis 6.000 Jahren in Zentralasien (heutiges Russland, Kasastan, Ukraine).

ABBILDUNG 4: TRAININGSPLAN NACH KIKKULI (NACH PROF. DR. JÖRG AURICH, WIEN)

Durch sein Training waren die Streitwagenpferde in der Lage, unvorstellbare 300 km/Tag im Notfall zurückzulegen. So ist es kaum verwunderlich, dass Fortschritte in der Zucht, Fütterung, Haltung zunächst in der kriegswichtigen Pferdezucht entwickelt und dann dieses Wissen später in der weiteren Haustierzucht angewandt wurde.

Von Tierzucht im eigentlichen Sinne kann zu jener Zeit aber noch nicht gesprochen werden, eher von einer wenig zielgerichteten Vermehrung. Andererseits wurden im Altertum Pferdeschläge einer bestimmten Region hoch gerühmt, deren Vorzüge auf umweltbedingte Standortvorteile zurückzuführen waren. In der Antike bis weit in das Mittelalter wurden immer wieder Pferde gelobt, die auf kalkhaltigem Grasland und auf reichem Bodengrund aufwuchsen. Da Kenntnisse über bedarfsgerechte Fütterung und tiergerechte Haltung fehlten, wurden intuitiv Pferde derjenigen Landstriche bevorzugt, die eine günstige Aufzucht boten. Solche natürlichen Umweltkomponenten spielten und spielen bis in unsere Zeit eine große Rolle. Erinnert sei in diesem Zusammenhang an den „Karst-Lipizzaner", welcher auf kräuterreichem Kalkböden (Kalk- Jura-Verwitterungsböden) aufwächst und dadurch besonders harte Knochen und Hufe hat. Ebenso berühmt, weil weite, kalkhaltige Grünlandflächen und ein humides Klima zur Verfügung standen, wurde Newmarket, in der Nähe von Cambridge (GB), auch heute noch das Mekka der weltweiten Vollblutzucht. Auf den dortigen Gallops trainieren auch heute noch täglich bis zu 1.000 Rennpferde.

Die überwiegende Zahl der Haustiere fristete dagegen ein eher kümmerliches Leben. Generell waren unsere Haustiere bis ins hohe Mittelalter hinein klein und kümmerlich, mit geringen Leistungen versehen und wenig fruchtbar. Ausnahme waren schon im Mittelalter die schweren Ritterpferde, weil sie als kriegsentscheidend galten: Sie wurden besonders gepflegt und es gab erste Anstrengungen planmäßig zu züchten und erste Rassen zu schaffen.

ABBILDUNG 5.: ESEL BEIM OLIVENTRANSPORT, 800 V. CHR., IRAN (LOUVRE, PARIS)

ABBILDUNG 6: GEBISS, 800 V. CHR., SYRIEN (LOUVRE, PARIS)

Bis zur Beendigung des 2. Weltkrieges blieb die Sonderrolle des Pferdes unter allen Haustierarten unangetastet, benötigte doch jeder Staat immer auch die Angriffswaffe Kavallerie. Führende Militärmächte damaliger Zeit, z. B. Frankreich, Österreich- Ungarn sowie Preußen unterhielten daher große Staatsgestüte und Remontedepots, Kenntnisse und Ausbildung über die Pferdehaltung und -zucht waren allgemein sehr hoch. Ursprünglich waren Ochsen die „Motoren" der Landwirtschaft, bei zunehmender Industrialisierung übernahmen aber Pferde die Vorherrschaft in der Landwirtschaft und im Transportwesen.

ABBILDUNG 7: PFERDE IN DER LANDWIRTSCHAFT, CA. 1920 (DEUTSCHES PFERDEMUSEUM)

Aus heutiger Sicht einen Quantensprung erlebte die Pferdezucht durch das professionell betriebene Hobby englischer Gutsbesitzer, des Adels, ja sogar der Könige, ihre Pferde einem definierten Leistungstest, dem Point- to-Point- Rennen, zu unterwerfen und nur die besten, schnellsten und härtesten Pferde wieder miteinander zu paaren.

Obwohl es bereits im antiken Griechenland zur Volksbelustigung Pferderennen gab, begann in den durch den Golfstrom begünstigten Landschaften Englands die erste gezielte Pferdezucht einzig durch Selektion auf das Merkmal Schnelligkeit. Neben dieser systematischen Leistungsauslese waren auch Art und Umfang entsprechender Dokumentationen bisher unbekannt und gipfelten in dem 1793 erstmalig erschienen General Stud Book. Diese planvolle Zucht durch Selektion auf ein definiertes Merkmal war bahnbrechend und prägte die gesamte Pferdezucht neu.

Bis zu diesem Zeitpunkt wurden diejenigen Pferde miteinander gepaart, die gerade vorhanden waren. Rassen (Ausnahme Vollblutaraber) waren unbekannt, man unterschied höchstens nach Schlägen aus bestimmten Landstrichen (Landrassen).

Bei der historischen Betrachtung darf nicht vergessen werden, dass erst 1865, knapp hundert Jahre nach der ersten Herausgabe des General Stud Book, durch die Forschungen von Mendel fundiertes Wissen über die Vererbung zur Verfügung stand. Umso mehr Respekt verdienen daher die Züchter vergangener Epochen, die es trotz mangelnder Kenntnisse der Genetik geschafft haben, unsere heutigen Pferderassen entstehen zu lassen.

Sportpferd Selle Francais   Comtois, Kaltblut

Warmblut, Dressurarbeit und Springarbeit

Bretrone und Boulonais

Vollblutaraber

Camarguais

Anglo- Araber

Französiches Warmblut und franz. Reitpony

(Bilder: A. Gloukhariov)

Warmblutpferd und Merensponies (Pyreneenpony)   Pottokpony (Baskenpony) und Pony Le Landes

Przewalskipferd

Lipizzaner

Englischer Vollblüter

Deutsches Reitpferd, Zuchtgebiet Oldenburger

Westfälisches Kaltblut

Deutsches Reitpferd, Zuchtgebiet Westfalen

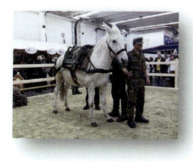

Maultier

Deutsches Reitpferd, Zuchtgebiet Hannover

Nonius (SVK)

Huzule

American Miniature Horse (Stockmaß max. 86 cm)

Vollblutaraber

Haflinger

Shagya- Hengst

Connemara Pony

Irischer Hunter

Gelderländer

Koninklijk Warmbloed Paard Nederland (KWPN)

Quarter Horse

Belgisches Kaltblut

Isländer

Cleveland Bay Horse (Foto: Archiv Dr. Bormann)

Schwarzwälder Fuchs (Foto: Archiv Dr. Bormann)   Kinsky- Pferd (Equus Kinsky)

Eigene Fotos

EVOLUTIONÄRE ENTWICKLUNG UND STAMMFORMEN HEUTIGER EQUIDEN

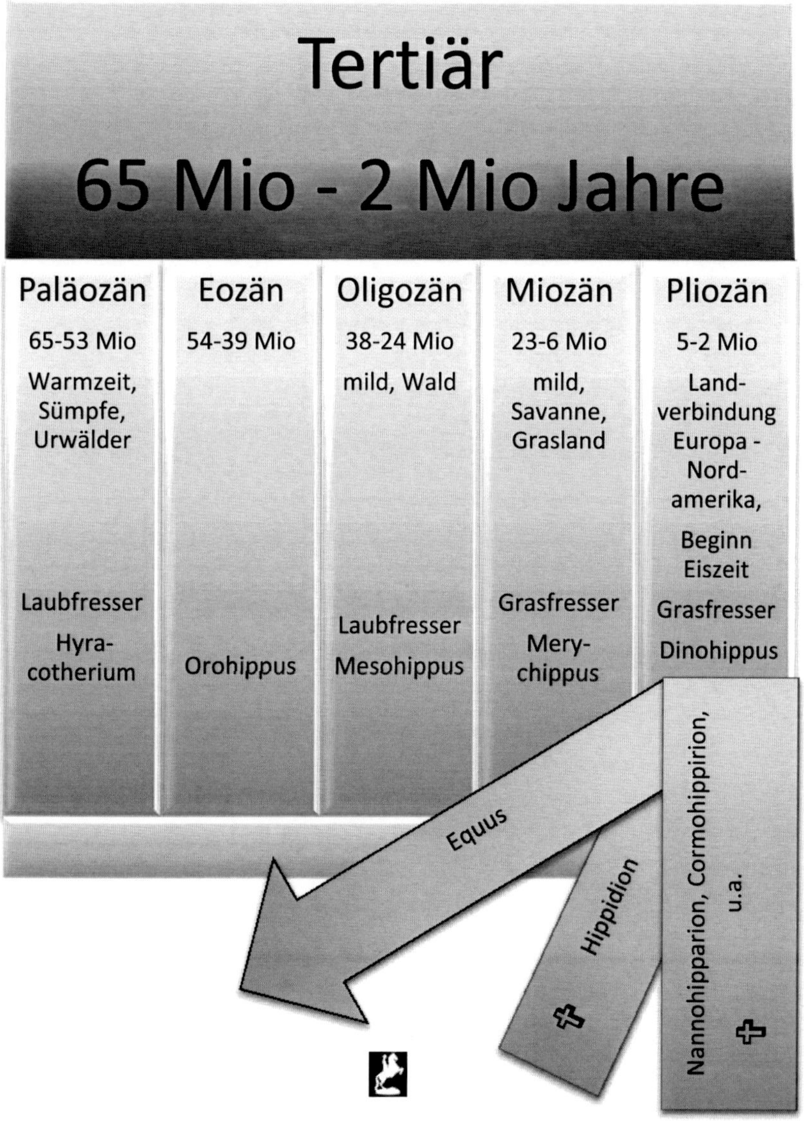

Tertiär
65 Mio - 2 Mio Jahre

Paläozän	Eozän	Oligozän	Miozän	Pliozän
65-53 Mio	54-39 Mio	38-24 Mio	23-6 Mio	5-2 Mio
Warmzeit, Sümpfe, Urwälder	mild, Wald		mild, Savanne, Grasland	Landverbindung Europa - Nordamerika, Beginn Eiszeit
Laubfresser		Laubfresser	Grasfresser	Grasfresser
Hyracotherium	Orohippus	Mesohippus	Merychippus	Dinohippus

Equus

Hippidion ✠

Nannohipparion, Cormohippirion, u.a. ✠

Erstmals wurden 1839 Knochen des Hyracotheriums aus Tonschichten bei London freigelegt von OWEN beschrieben und als Urahn heutiger Equiden erkannt. Seitdem ist eine Unzahl von Skeletten pferdeartiger Vorfahren gefunden worden und hat inzwischen dazu geführt, dass die evolutionäre Linie der Equiden eine der am besten dokumentiertesten Tierlinien in der gesamten Paläontologie darstellt. Die Familie der Pferdeartigen (Equidae) ist eine von Dreien, die heute die Ordnung der unpaarzehigen Huftiere (lat. Pererissodactyla) bildet, zu denen im Tertiär noch vierzehn Familien gehörten. Erste Vorfahren lassen sich sowohl in Europa als auch in Nordamerika im Eozän, also vor 54 Millionen Jahren, nachweisen.

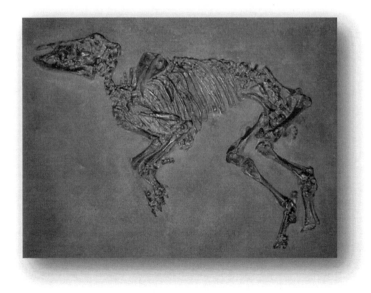

ABBILDUNG 8: VERSTEINERUNG EINES URPFERDES, ALTER 50 MIO JAHRE, FUNDORT MESSEL BEI DARMSTADT, WIDERRISTHÖHE CA. 30 CM - 35 CM

Nordamerika war während des gesamten Tertiärs die eigentliche Heimat der Equiden, hier entwickelte sich im Pliozän auch die eigentliche Spezies Pferd (lat. Equus). Gegen Ende der Eiszeit starb das Pferd jedoch in Nordamerika aus, über die damals noch gängige Beringstraße gelangten Pferde nach Asien und Europa, wo die sich rasch ausbreiteten und bedingt durch günstige Umweltfaktoren auch sehr gut vermehrten. Dabei entwickelte sich im Laufe der Evolution aus einem 5 – 4- und 3- Zeher ein 1- Zeher und schließlich das heutige Pferd als Zehenspitzengänger. Damit einher gingen morphologische Entwicklungen (Morphologie = Lehre von der Form), die insbesondere an den Zähnen gut nachweisbar sind.

Abbildung 9: Chevall Pottok, Höhlenmalerei in der südfranzösischen Grotte d'Isturitz, ca. 30.000 Jahre alt. Die Steinzeitmenschen jagten die Pferde zu ihrer Ernährung, sie waren noch keine Arbeitspferde.

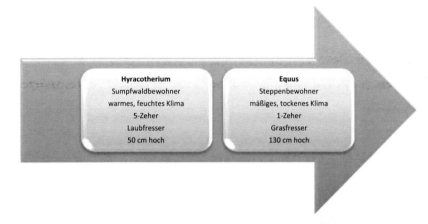

Hyracotherium	Equus
Sumpfwaldbewohner	Steppenbewohner
warmes, feuchtes Klima	mäßiges, tockenes Klima
5-Zeher	1-Zeher
Laubfresser	Grasfresser
50 cm hoch	130 cm hoch

Abbildung 10: Hyracotherium (50 Mio J.) und Equus Przewalskii (10.000 J) (Naturkundemuseum Berlin)

Als Stammform aller heutigen Pferderassen ist das Urwildpferd anzusehen, welches in vier Unterarten in Europa und Asien vorkam:

- Przewalskipferd
- Steppentarpan
- Waldtarpan

Die beiden letztgenannten, mit Sicherheit seinerzeit auch in Europa vorkommend, sind jedoch leider ausgestorben, die letzte Tarpanstute wurde 1876 von einem Bauern in Russland getötet. Wenn wir heute Tarpanpferde in zoologischen Gärten bewundern, so handelt es sich hierbei um Rückkreuzungen. Die Brüder Heck, beide Zoologen, der eine Direktor im Berliner Zoo, der andere in gleicher Funktion am Tierpark Hellabrunn in München tätig, züchteten seinerzeit aus vorhandenen Landschlägen im Tarpantypus (z.B. Panje- Pferde, Huzulen, Koniks) Tiere heraus, die optisch an das ausgestorbene Tarpanpferd erinnerten, doch letztlich gleichen diese Pferde nur optisch dem Tarpan, sein Genpool ist unwiederbringlich verloren gegangen. Auch um das Przewalskipferd stand es ursprünglich schlecht: Gegen Ende des 19. Jahrhunderts waren diese Wildpferde nur noch in der Dshungarei zu finden, einem Gebiet begrenzt durch den Urungu- Fluss im Norden und den nördlichen Abhängen des Hohen Altai. Wildfänge, auch durch den Zoologen Hagenbeck, sicherten jedoch das Überleben dieser Unterart, die zwischenzeitlich in der freien Natur ausgestorben war und erst in jüngster Zeit durch Wiedereinbürgerungsversuche in freier Wildbahn wieder vorkommt. Dass diese Unterart überhaupt überlebte, verdankt sie den tierzüchterischen Arbeiten Zoologischer Gärten. Die wenigen Wildfänge, von denen auch nicht jedes Tier Nachzucht brachte, stellten Tiergärtner und Zoologen vor nicht geringe Probleme, sollte diese heutige Wildform nicht innerhalb weniger Jahrzehnte durch Inzucht, Degeneration und Parasitenbefall eingehen. Eine sorgfältige Zuchtplanung war demnach unumgänglich, wollte man den gesamten Genpool erhalten. Ein internationales Stutbuch für Wildpferde wurde daher eingeführt.

Überholt ist die Theorie, dass vor etwa 6.000 Jahren Przewalskipferde gezähmt und daraus unsere heutigen Hauspferde gezüchtet wurden. Amerikanische Forscher der Pennsylvania State University fanden durch Genanalysen heraus, dass weit vor der Haustierwerdung vor ca. 6.000 Jahren es bereits zwei Stammlinien gegeben hat, die Przewalskipferde und die heutigen Hauspferde. Die letzten gemeinsamen Vorfahren der Hauspferde und der Przewalskipferde liegen ca. 160.000 Jahre zurück.

Schon früher konnten Wissenschaftler sich nicht erklären, warum sich die Przewalskipferde so deutlich von den heutigen Hauspferden unterscheiden: Es fehlt den Przewalskipferden mit ihrer Stehmähne beispielsweise der Mähnenschopf, die Mähnenhaare stecken in sogenannten „lichten Hülsen" und auch der Schweifansatz der Wildpferde zeigt nur in der unteren Schweifhälfte lange Haare, während der obere Teil der Schweifrübe dagegen deutlich kürzer behaart ist. Auch fiel auf, dass die Przewalskipferde deutlich kleiner als unsere heutigen Hauspferde sind.

Festzuhalten bleibt, dass alle 62 Millionen Pferde in 726 (Stand 2010) Rassen und Schlägen, die derzeit auf der Welt existieren, von einer Stammform Urwildpferd und nicht dem Przewalskipferd abstammen. Letztere sind nur eine Nebenlinie der heutigen Hauspferde.

Die Zuchtgeschichte des Englischen Vollblutpferdes

Ursprung aller heute lebenden Pferderassen ist das Urwildpferd. Es lebte vor etwa 160.000 Jahren in den Steppen Zentralasiens und wurde vor ca. 6.000 Jahren, nach der letzten Eiszeit, von den Menschen gezähmt.

Exemplarisch für die historische Betrachtung der Pferdezuchtgeschichte wird das Beispiel des Englischen Vollblutpferdes dargestellt.

55 v.Chr.	Julius Caesar landet mit Truppen in Britannien. Bei diesem Unternehmen dabei ist auch Kavallerie auf orientalischen Pferden (numidische Reiter) Nicht viel später loben Schriftsteller bereits die schnellen Pferde Britanniens - ein Zeichen dafür, dass orientalische Pferde hier zur Wirkung gekommen sind.
206 — 210 n.Chr.	Es finden Pferderennen der Römer in Weatherby bei York statt.
1190	Richard Löwenherz nimmt am Kreuzzug teil und paart später erbeutete, orientalische Hengste mit einheimischen Stuten.
1377	Erste zuverlässige Rennbeschreibung in England - leider ohne Ortsangabe.
±1400	Pferderennen als Volksbelustigung sind auch für die mittelalterlichen Städte Deutschlands belegt.
1509	Unter Heinrich VIII werden im königlichen Gestüt Hampton Court besondere Paddocks zur Rennpferdezucht eingerichtet.
1565	Thomas Blunderville fordert in England eine Systematisierung und Veredlung der Pferdezucht durch orientalische Hengste.
1590	Nachrichtlich erste Rennen in York und in Doncaster.
1603	Unter Jakob I. bedeutende Importe orientalischer Hengste.

1660	Unter Karl II. werden etwa vierzig orientalische Stuten, die sogenannten "Royal Mares", eingeführt. Man nimmt heute an, dass bis 1750 etwa 60 bis 80 orientalische Stuten und eine bedeutend größere Zahl an Hengsten (Vollblutaraber, Berber, Perser, Spanier etc.) eingeführt wurden.
1665	Die King's- bzw. Queen's Plate, also königliche Rennpreise, werden bei Rennen in Newmarket eingeführt, die in Zukunft für die Prüfung des Zuchtpferdes eine große Rolle spielen und einen finanziellen Anreiz schaffen.
1672	Nachrichtlich erste Rennen in Liverpool.
1689	THE BYERLEY TURK, einer der Stammväter der Vollblutzucht, wird eingeführt.
1706	THE DARLEY ARABIAN, ebenfalls ein Stammvater der Vollblutzucht, wird eingeführt.
1711	Einweihung der Rennbahn in Ascot.
1712	Erstes Rennen für Fünfjährige in York.
1716	Erster - offizieller - Rennbericht der Rennen von Newmarket. "An Historical List of all Horse-Matches Run for England and Wales" von John Cheny wird veröffentlicht. Es handelt sich dabei um 24 Bände, die als Vorläufer des Racing-Calendars zu betrachten sind. Ab 1741 werden auch die Rennen in Irland aufgeführt.
1730	GODOLPHIN ARABIAN, ein weiterer Stammhengst der Vollblutzucht, wird eingeführt. Nach Untersuchungen von CUNNINGHAM (1992) sollte den drei auch hier aufgeführten Stammvätern der englischen

	Vollblutzucht ein weiterer Hengst hinzugefügt werden: CURWEN BAY BARB (ein Berberhengst), der zwar nur über einen wesentlichen, dafür aber sehr fruchtbaren Abkömmling seine erblichen Eigenschaften in die Population tragen konnte. Nach Untersuchungen von CUNNINGHAM et.al. (1992) ist demnach in der heutigen Vollblutzucht mit folgenden Prozentsätzen der jeweilige Stammvater vertreten: GODOLPHIN ARABIAN 14,6 %, DARLEY ARABIAN 7,5 %, CURWEN BAY BARB 5,6 %, BYERLEY TURK 4,8 %
1728	Erstmalig Rennen für Vierjährige, zuvor waren die Rennen für Fünfjährige, meist sogar erst für Sechsjährige und ältere Pferde ausgeschrieben.
1750	Gründung des Jockey-Club in Newmarket.
1756	Erstes Rennen für Dreijährige in Newmarket.
1758	"Orders", vergleichbar unserer Rennordnung, werden erstmalig veröffentlicht.
1760	Gründung des Tattersalls in London.
1764	Geburt des Ausnahmepferdes ECLIPSE (MARSKE - SPILETTA v. REGULUS; Züchter: Duke of Cumberland). Der Fuchshengst wird während einer Sonnenfinsternis (engl. eclipse) geboren und blieb in allen Rennen ungeschlagen.

ABBILDUNG 11: SKELETT VON ECLIPSE IM NATIONAL HORSE RACING MUSEUM, NEWMARKET

1765	Erstes Rennen für Dreijährige in Irland.
1766	Erstmals wird der Gold-Cup in Doncaster gelaufen.
1773	Erster Band des Racing- Calenders von Weatherby erscheint. Erstmalig auch die Ausschreibung eines Rennens für Zweijährige und ältere (in Newmarket) - allerdings war noch kein Zweijähriger beteiligt!
1778	Erstes St. Leger in Doncaster.
1779	Erste Oaks in Epsom.
1780	Erstes Derby in Epsom.
1781	Einführung von Handicaps aus wirtschaftlichen Gründen.
1784	Einführung eingetragener Farben für den Jockeydress.

1785	Erstes kleines Handicap-Rennen in Newmarket. ABBILDUNG 12: DIE LEGENDÄREN GALLOPS VON NEWMARKET HEUTE. HIER TRAINIERTEN SCHON DIE ENGLISCHEN KÖNIGE IHRE PFERDE. KLIMA UND BODEN SIND DERMAßEN GÜNSTIG, DASS DAS GELÄUF NOCH NIE UMGEBROCHEN WERDEN MUSSTE, OBWOHL HIER BIS ZU 1.000 PFERDE AM TAG TRAINIERT WERDEN.
1786	Erstes bedeutendes Rennen für Zweijährige in Newmarket.
1787	Erstes Handicap in Irland.
1788	Englische Vollbluthengste werden - allerdings nur zur Veredlung – im preußischen Hauptgestüt Neustadt/Dosse eingesetzt.
1791	Erstes Zweijährigen-Rennen in Irland.
1793	Erster Jahrgang Sporting- Magazine. Erstes Rennen für Jährlinge. Erstes General Stud Book, herausgegeben von James WEATHERBY mit 137 Ursprungsstuten, wovon inzwischen aber 89 Linien ausgestorben sind und nach LOWE heute etwa noch 25 Linien größere Bedeutung haben.
1809	Erstmalig 2000 Guineas-Stakes in Newmarket.
1812	Anlage der Paddocks im königlichen Gestüt Hampton Court für 50 Vollblutstuten.

1814	Erstmalig 1000 Guineas-Stakes in Newmarket.
1815	Preußisches Hauptgestüt Graditz gegründet
1816	GRAF PLESSEN-IVENACK kauft den ersten Hengst für die deutsche Vollblutzucht (DICK ANDREWS, geb. 1811).
1817	Erste Vollblutzucht in Mecklenburg- Vorpommern durch GRAF PLESSEN- IVENACK
1818	BARON GOTTLIEB BIEL führt seinen ersten Vollbluthengst für eine eigene Vollblutzucht nach Deutschland ein.
1822	Erstes deutsches Pferderennen in Doberan (Mecklenburg).
1823	Die Stutenherde der Gebrüder Biel umfasst bereits 23 Vollblutstuten.
1829	Rennbahn Berlin eingeweiht.
1831	Der Jockey- Club macht bekannt, dass alle von ihm erlassenen Renngesetze - zunächst nur für Newmarket - Geltung haben. Vollblutgestüt Harzburg gegründet.
1833	Die ersten Vollblutstuten des preußischen Staates werden in Graditz (seit 17. Jhdt. kurfürstlich-sächsisches Gestüt) angeschafft.
1834	Wie heute noch üblich, wird ab diesem Jahr das Alter der Vollblüter ab 1. Januar berechnet. Das erste Union-Rennen findet in Deutschland statt.
1835	Rennbahn Hamburg eingeweiht. Herausgabe des ersten deutschen Rennkalenders.

1836	Erste Liverpool Grand National Steeplechase.
	Rennbahn Düsseldorf eingeweiht.
1838	Pferderennbahn Herrenkrugwiesen in Magdeburg eröffnet
	ABBILDUNG 13: RENNBAHN MAGDEBURG 2009
1840	Erstmalig Coronation Stakes in Ascot. Norddeutscher Jockey-Club gegründet.
1842	Erstes "Allgemeines Deutsches Gestütbuch" mit 779 Stuten herausgegeben.
1844	Gründung Düsseldorfer Reiter- und Rennverein

ABBILDUNG 14: ORLANDO, DERBY- SIEGER GB 1844

1846	Erstmalig Gimcrack-Stakes für Zweijährige. Erstes Renn- und Wettreglement des preußischen Staates.
1852	Gründung Hamburger Renn- Club
1855	Admiral Rouse wird Handicapper des Jockey-Club.
1857	Erstmalig Preis der Diana. Gründung Bremer Rennverein.

| 1858 | Rennbahn Baden-Baden eingeweiht. |

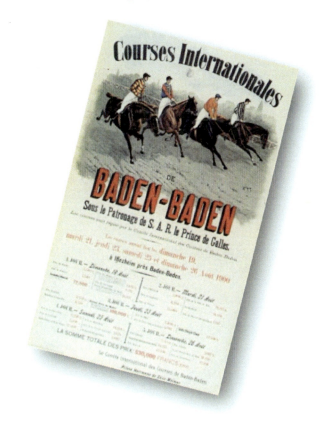

ABBILDUNG 15: PLAKAT ZUR BADENER RENNWOCHE 1900

| 1860 | Verbot der Jährlingsrennen (bis heute). |
| 1861 | Gründung Leipziger Rennclub und Mittelrheinischer |

	Pferdezuchtverein Frankfurt/M.
1865	Gründung Rennverein München- Riem
1866	Vollblutgestüt Graditz durch Zusammenlegung von Pferden aus Trakehnen und Neustadt/Dosse gegründet. Leiter: Graf von Lehndorff 

Graf G. Lehndorff auf „Godolphin".

ABBILDUNG 16: GRAF G. LEHNDORFF ZU PFERD

ABBILDUNG 17: DER BERÜHMTE LEITSPRUCH DES GESTÜTES GRADITZ

1867	Gründung des National Hunt Comitee. Union-Klub wird Nachfolger des Norddeutschen Jockey- Club.
1867	Gründung des Union- Club, Sächsisch- Thüringischer Renn- und Pferdezuchtverein Halle/S., Verein zur Förderung der Hannoverschen Landespferdezucht Hannover.

| **1868** | Rennbahn Hoppegarten eingeweiht. |

ABBILDUNG 18: JOCKEYSCHULE BERLIN HOPPEGARTEN

| **1869** | Gestüt Schlenderhan als ältestes deutsches Privat- Vollblutgestüt gegründet (Bankhaus Sal. Oppenheim). |

Erstes Deutsches Derby in Hamburg- Horn.

ABBILDUNG 19: DAS DEUTSCHE GALOPP- DERBY AUF DER HORNER RENNBAHN

1871	Erstes deutsches 2000 Guineas- Rennen (Mehl- Mülhens- Rennen) in Deutschland.
1874	Wunderstute KINCSEM (von CAMBUSCAN aus der WATERNYMPH von COTSWOLD (Züchter: E. von Blaskovitch) geboren.
1875	Erster Wochenrennkalender herausgegeben. Gründung Neusser Reiter- und Rennverein.
1881	Erste Gewichtsskala des Admiral Rouse. Erstes deutsches St. Leger.
1886	Gründung Dortmunder Rennverein, Pfälzischer Rennverein Haßloch
1887	Georg Graf von Lehndorff wird preußischer Oberlandstallmeister - er ist einer der bedeutendsten Hippologen seiner Zeit.
1888	Erster Totalisator
1897	Beginn der Invasion amerikanischer Jockeys in England.
1898	Federico Tesio - der "Zauberer von Dormello" – beginnt mit seiner Vollblutzucht.  *ABBILDUNG 20: ENGLISCHES DERBY 1898*
1899	Einführung der australischen Startmaschine in England.

1906	Neue Gewichtsskala in England veröffentlicht.
1907	Gestüt Ravensberg gegründet. 2011: Doppelerfolg beim 142. Deutschen Derby mit WALDPARK (1. Platz) von DUBAWI aus der WURFTAUBE von ACATENANGO und EARL OF TINSDAL (2. Platz) von BLACK SAM BELLAMY aus der EARTHLY PARADISE
1908	Das Gestüt Graditz errichtet einen eigenen Rennstall in Berlin-Hoppegarten  *ABBILDUNG 21: DER ALTE GRADITZER RENNSTALL UNMITTELBAR NACH DER WENDE*
1912	Burchard von Oettingen wird preußischer Oberlandstallmeister - in ihm hat die deutsche Vollblutzucht einen bedeutenden Befürworter.
1913	Der berühmte Jersey Act: amerikanische Rennpferde waren vermehrt nach England gekommen, insbesondere Nachkommen von LEXINGTON wiesen ein nicht einwandfreies Pedigree auf. Somit wurden nunmehr keine amerikanischen Vollblüter strittiger Abstammung mehr eingetragen. Der Jersey Act wurde später wieder aufgehoben.
1913	DARK RONALD (*1905) von BAY RONALD aus der DARKIE von THURIO

	(Züchter: E. Kennedy, Irland) wird Deckhengst in Graditz
1913	PHALARIS von POLYMELUS aus der BROMUS von SAINFOIN (Züchter: Lord Derby) geboren.
1916	Der Jockey- Lehrling Otto Schmidt gewinnt das Deutsche Derby, bis 1952 insgesamt 2218 Siege.

ABBILDUNG 22: JOCKEYLEGENDE OTTO SCHMIDT

1917	HEROLD von DARK RONALD aus der HORNISSE von ARD PATRICK (Züchter Hauptgestüt Graditz) geboren
1919	Erste deutsche 1000 Guineas.
1920	PHAROS von PHALARIS aus der SCAPA FLOW von CHAUCER, Züchter: (Lord Derby) geboren.

ABBILDUNG 23: HEIN (HEINRICH) BOLLOW

Deutschlands Jockey- und Trainerlegende HEIN BOLLOW wird geboren. Erfolgreich mit je 1.000 Siegen als Jockey und als Trainer.

ABBILDUNG 24: HEINZ JENTZSCH

Geburtsjahr HEINZ JENTZSCH, der erfolgreichste deutsche Galopp-Trainer, über 4.000 Siege und 8 ! Derbysieger, u.a. ACATENANGO 1993

1924	Geburtsjahr OLEANDER von PRUNUS aus der ORCHIDEE von GALTEE MORE (Züchter: Gestüt Schlenderhan)
1925	Gründung des Gestüts Röttgen durch Peter Paul Mülhens (4711).

ABBILDUNG 25: DER BERÜHMTE STUTENSTALL IM GESTÜT RÖTTGEN BEI KÖLN

1930	HYPERION von GAINSBOROUGH aus der SELENE von CHAUCER (Züchter: Lord Derby) geboren. Dieses Pferd gilt als Begründer der modernen englischen Vollblutzucht.
1933	Oberste Behörde für Rennen als Nachfolger des Union-Klubs. Gustav Rau wird preußischer Oberlandstallmeister.

54

ABBILDUNG 26: GUSTAV RAU (1880 - 1954)

1935	NEARCO (PHAROS - NOGARA v. HAVRESAC, Züchter: Tesio-Incisa) geboren.

Lester Piggott, eine der größten Jockeylegenden der Welt, wird geboren und beendet 1995 nach 35.000 Ritten (20% davon sind Siegritte) seine Karriere.

ABBILDUNG 27: JOCKEYLEGENDE LESTER PIGGOTT 1994 IN BADEN- BADEN |

1937	**SCHWARZGOLD** von ALCHIMIST aus der SCHWARZLIESEL von OLEANDER, Züchter: Gestüt Schlenderhan) geboren.  *ABBILDUNG 28: SCHWARZGOLD XX IM AKTIVEN RENNEINSATZ*
1938	Einführung des General- Ausgleichsgewichtes (GAG) zur Leistungsfeststellung
1939	Geburtsjahr TICINO von ATHANASIUS aus der TERRA von ADITI (Züchter: Gestüt Erlenhof)
1938 - 1942	Die Nationalsozialisten enteignen unter der Leitung von Hitlers Schwager Hermann Fegelein zahlreiche Gestüte von jüdischen Eigentümern, die sie fast immer in KZs ermorden und betreiben die Beute als SS- Gestüte bzw. Reitschulen (z.B. SS- Gestüt Schlenderhan, SS-Gestüt Lauvenburg, SS- Reitschule München-Riem). Mit dem Braunen Band schaffen die Nazis ein nationalsozialistisches Derby in München- Riem. Pferde aus Nicht-SS- Gestüten werden aus politischen Gründen benachteiligt und gewinnen keine bedeutende Rennen in dieser Zeit, wie z.B. Schwarzgold, die als Derbyfavoritin ein Startverbot auferlegt bekam.

Abbildung 29: Das Nazi- Derby, das Braune Band, wurde mit Sonderbriefmarken und dem Auftritt barbusiger Amazonen beworben.

1943 NASRULLAH von NEARCO aus der MUMTAZ BEGUM von BLENHEIM (Züchter: HH Aga Khan) geboren.

1944 Da immer mehr Offiziere eingezogen wurden, ritten zum Ende des Krieges nahezu nur noch Amateure.

Ab 1944 finden die Pferderennen kriegsbedingt ohne Zuschauer und Totalisator statt. Passend zum Krieg und der Kriegspropaganda heißen die Rennpferde jetzt Feuerwaffe, Kriegsgott, Granate, Nebelwerfer, Ehrendolch, usw. Ein Pferd hat den Namen Endsieg. Bei seinem Start nach dem Krieg, 1948 in Frankfurt/M. war das Pferd entnazifiziert und hieß plötzlich Endspurt.

Geburtsjahr DER LÖWE von WAHNFRIED aus der LEHNSHERRIN von HEROLD (Züchter: Gestüt Röttgen)

ABBILDUNG 30: DER LÖWE XX ALS BESCHÄLER IM LANDGESTÜT CELLE

1945	Alchimistsohn BIRKHAHN von ALCHIMIST aus der BRAMOUSE von CAPIELLO (Züchter: Frau M. von Heynitz) geboren.
1947	Das Direktorium für Vollblutzucht und Rennen wird Nachfolger der Obersten Rennbehörde.
1950	NATIVE DANCER von POLYNESIAN aus der GEISHA von DISCOVERY, (Züchter: A.-G. Vanderbilt) geboren.
1952	RIBOT von TENERANI aus der ROMANELLA von EL GRECO (Züchter: Dormello-Olgiata Stud) geboren.
1954	NEARCTIC von NEARCO aus der LADY ANGELA von HYPERION (Züchter: E.P. Taylor) geboren.
1959	Erstes Gestütsbuch für Vollblutpferde in der DDR
1961	Gründung des Vollblut- Gestütes Fährhof durch den Kaffeekaufmann Walther J. Jacobs  *ABBILDUNG 31: WALTER J. JACOBS BEIM DERBYSIEG DES FÄHRHOFERS LAVIRCO 1996*
1961	Der Jahrhunderthengst NORTHERN DANCER von NEARCTIC aus der NATALMA von NATIVE DANCER (Züchter: E.P. Taylor) geboren

1962	Das Gestüt Waldfried wird an das Gestüt Altefeld (Hessen) angegliedert und entwickelt sich zu einem der Nachkriegszentren der deutschen Vollblutzucht (mehr als 2.000 Sieger).

ABBILDUNG 32: JÄHRINGSHENGSTE GESTÜT WALDFRIED (ARCHIV DR. BORMANN)

1965	Birkhahnsohn LITERAT von BIRKHAHN aus der LIS von MASETTO (Züchter: Gestüt Rösler) geboren
1968	Geburtstag des braunen, in Amerika gezogenen Hengstes MILL REEF von NEVER BEND aus der MILAN MILL VON PRINCEQUILLO. Er wird einer der erfolgreichsten Deckhengste im National Stud von Newmarket und einer der erfolgreichsten Hengste weltweit.

ABBILDUNG 33: DIE MILL REEF- STATUE ERINNERT AN DEN ERFOLGREICHSTEN HENGST DES NATIONAL STUD IN NEWMARKET

1972	In Zusammenarbeit mit England, Irland, Frankreich und Italien beschließt Deutschland ein System von sog. Gruppe-Rennen zwecks Vergleichs des besten Rennpferdematerials auf höchster Ebene.
1974	Literatsohn SURUMU von LITERAT aus der SURAMA v. RELIANCE II, (Züchter: Gestüt Fährhof) geboren.

ABBILDUNG 34: SURUMU- STATUE IM GESTÜT FÄHRHOF

1976	KÖNIGSSTUHL von DSCHINGIS KHAN aus der KÖNIGSKRÖNUNG von TIEPOLETTO (Züchter: Gestüt Zoppenbroich) als bislang einziger deutscher Triple-Crown-Sieger geboren.
1982	Surumosohn ACATENANGO von SURUMU aus der AGGRAVATE von AGGRESSOR (Züchter: Gestüt Fährhof) geboren
1985	Beitritt Deutschland's zum EBF (European Breeder's Fund) wird beschlossen und führt unter Züchtern und Rennstallbesitzern zu einer steigenden Nachfrage frühreif gezogener Pferde.
1990	Erster Deutscher Gemeinschaftsrenntag in Berlin- Hoppegarten
1991	Zusammenlegung der Vollblutstutbücher von BRD und ehemaligen DDR, das Direktorium für Vollblutzucht und Rennen mit Sitz in Köln wird gemeinsamer Dachverband.

Zytologie

Die Zelle ist die kleinste selbstständige Funktionseinheit eines Organismus mit allen Zeichen des Lebens und trägt in ihrem Zellkern die Erbsubstanz (Genom). Jede neue Zelle hat ihren Ursprung in einer bereits vorhandenen Zelle. Grundkenntnisse der Zytologie, also der Lehre vom Aufbau und der Funktion von Zellen, sollte jeder professionelle Pferdezüchter besitzen, da ohne Grundwissen der Zytogenetik genetische Abläufe kaum verständlich wären. Das Schema im Aufbau einer Zelle ist im Prinzip immer gleich, doch kommt es bei höher entwickelten Arten zu Differenzierungen. So unterscheiden sich in Form, Funktion und Größe z. B. Muskelzellen ganz erheblich von Blutzellen.

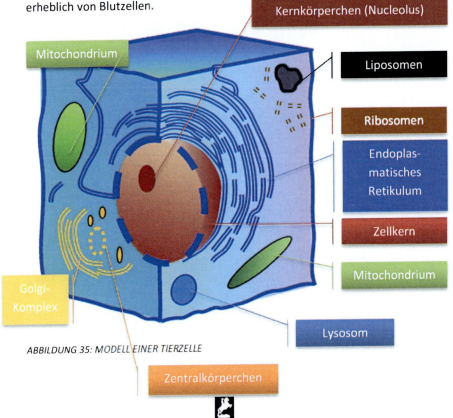

Kernkörperchen (Nucleolus)

Mitochondrium

Liposomen

Ribosomen

Endoplasmatisches Retikulum

Zellkern

Mitochondrium

Golgi-Komplex

Lysosom

Zentralkörperchen

ABBILDUNG 35: MODELL EINER TIERZELLE

Eine Zelle mit ihren Organellen stellt ein ungeheuer komplexes System dar. Einzelne Funktionen der Zelle aufzuzeigen würde den Rahmen dieses Buches sprengen – es wird daher auf die entsprechende Fachliteratur verwiesen. An dieser Stelle soll lediglich auf den schematischen Aufbau einer tierischen Zelle, wie in der oben stehenden Abbildung sichtbar, eingegangen werden und die Funktionen einzelner Zellorganellen kurz skizziert werden:

Tierische (und damit auch menschliche) Zellen sind von einer semipermeablen (=halbdurchlässigen) Zellmembran umgeben und haben je nach Funktion sehr unterschiedliche Formen, sind vom Grundaufbau jedoch stets gleich. Liposomen dienen der Fettspeicherung einer Zelle, Ribosomen sind reversibel zusammengesetzte Organellen welche zu einem Großteil (65%) den Vorrat an RNA speichern. Das endoplasmatische Retikulum ist ein Membransystem für den interzellulären Transport und Lysosomen entstehen aus Bläschen, die vom endoplasmatischen Retikulum geliefert werden und in eigener Membran spezielle Enzyme umschließen und bereithalten. Der Golgi- Komplex führt in Eigensynthese den Aufbau von Einfachzuckern zu Kohlenhydraten durch. Das Zentralkörperchen wiederum steht im Zusammenhang mit der Zellteilung und dient dann als Anheftungsstelle für die Chromosomen.

Von besonderem Interesse für den hier behandelten Bereich der Zucht ist natürlich der Zellkern mit den hier beherbergten Chromosomen und der Nucleolus , welcher RNA und Proteine für den Bau der Ribosomen bereit hält. Auf die hier ablaufenden Vorgänge soll weiter unten noch detailliert eingegangen werden.

Für die Tierzuchtwissenschaften von besonderem Interesse sind seit einigen Jahren allerdings auch noch die Mitochondrien, winzige Zellorganellen welche als Überreste einstmals frei lebender Bakterien anzusehen sind, welche sich vor rund 2 Milliarden Jahren in Zellen etablierten und sich seitdem in diesen ungeschlechtlich vermehren. Mitochondrien sind quasi das Energiekraftwerk einer jeden Zelle und stellen dieser durch den Abbau von ATP (=Adenosin-Triphosphat) die für alle zellulären Lebensvorgänge notwendige Energie zur Verfügung. In den Blickpunkt der Wissenschaftler gerieten Mitochondrien vor allem dadurch, dass sie nur von der mütterlichen Seite von Generation zu Generation weitergegeben werden können – der Spermienkopf dringt nur mit seiner DNA in eine zu befruchtende Eizelle ein, welche neben dem haploiden Chromosomensatz auch sämtliche Zellorganellen beiträgt. Somit können Mitochondrien mit ihrer eigenen Erbsubstanz bis weit in die Vergangenheit zurück verfolgt werden und Genetikern Fragen zur Mutationsrate in bestimmten Zeitabständen verraten und genetische Hintergründe in der direkten weiblichen Linie klären helfen.

Auch aus einem anderen Grund waren in naher Vergangenheit Mitochondrien tierzüchterisch im Blickpunkt: Noch bis ins hohe Mittelalter wurden Schweine zur Nahrungsaufnahme tagsüber in den Wald getrieben (Eichelmast) und nachts zurück in den Stall. Sehr robust waren diese Tiere und in der Lage, mit ihren Hirten kilometerlange Strecken zurück zu legen. Moderne Schweinerassen hingegen werden in engen Mastbuchten gehalten und trieb man diese Hochleistungsrassen beispielsweise eine Verladerampe hoch oder litten solche Schweine Stress, z. B. in Folge von Rangstreitigkeiten, so konnte es passieren, dass die Haut der Tiere blau anlief und sie sogar verendeten. Der Grund für die Stressanfälligkeit derartiger Hochleistungsrassen war darin zu finden, dass im Gegensatz zu früher kein „Fettschwein" mehr gezüchtet wurde, sondern dem Wunsch der Verbraucher entsprechend, ein mageres Schwein. Mit der Veränderung der Fleischfülle und Reduzierung des Fettes ging eine Reduzierung der Anzahl der Mitochondrien einher, was sowohl die Größe als auch Anzahl dieser Organellen anging. Demnach litten die modernen Schweine permanent unter Energiedefiziten in den Zellen, waren folglich nicht belastbar und starben daher an Herzinfarkten. Da eine Rückkehr zum

Fettschwein durch moderne Verzehrgewohnheiten der Verbraucher nicht möglich war, musste die Tierzucht in den vergangenen Jahren unter hohem finanziellen Einsatz stressunanfällige Tiere zunächst selektieren und dann züchten.

EINFÜHRUNG IN DIE ZYTOGENETIK

Die Zytogenetik befasst sich mit der Vererbung auf der Stufe der Zelle. Inzwischen können ganze Bibliotheken alleine mit Arbeiten aus der Zytogenetik gefüllt werden. Zum züchterischen Grundverständnis gehörte jedoch auch die Kenntnis des Aufbaus und der Wirkung von Chromosomen, deshalb hier eine kurze Zusammenfassung:

Um an die Erbinformationen eines Pferdes zu gelangen, muss man tief in den Organismus hineinschauen:

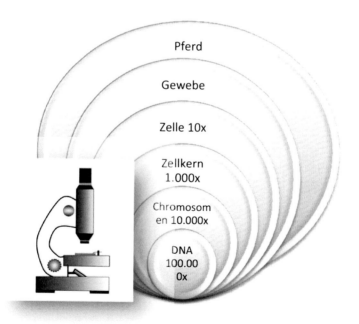

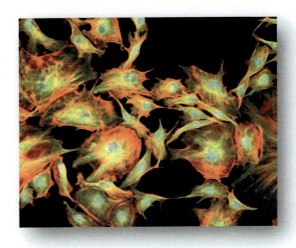

ABBILDUNG 36: KÖRPERZELLEN MIT ZELLKERNEN (FOTO: LEICA MICROSYSTEMS CMS GMBH, WETZLAR, GERMANY)

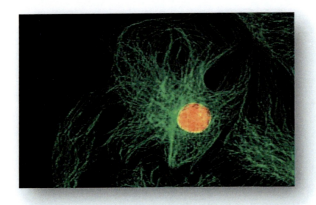

ABBILDUNG 37: ZELLKERN (FOTO: LEICA MICROSYSTEMS CMS GMBH, WETZLAR, GERMANY)

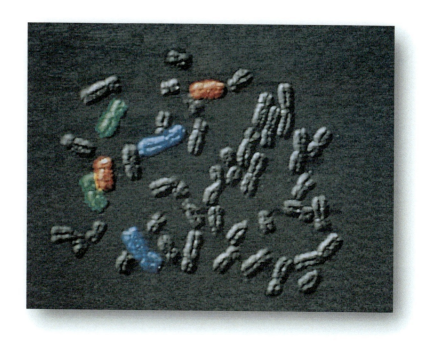

ABBILDUNG 38: CHROMOSOMEN DES ZELLKERNS (FOTO: LEICA MICROSYSTEMS CMS GMBH, WETZLAR, GERMANY)

Unter einem Rasterelektronenmikroskop (REM) lassen sich im Zellkern Doppelstäbchenstrukturen, die Chromosomen erkennen. Die Chromosomen selber sind in zwei identische Längshälften, den beiden Chromatiden, unterteilt, welche in einem Zentralpunkt (Centromer) zusammen hängen. Der Zentralpunkt ist also die Verbindungsstelle zweier identischer Chromatiden.

Ein Chromatid, nur 1/1.000 mm dick, besteht nicht aus einer kompakten Masse. In ihm ist ein mehrere Zentimeter (!) langer, spiralisierter Eiweißfaden verpackt, etwa so wie die Verdauungsorgane des Pferdes in der Bauchhöhle. Chemisch zusammengesetzt sind die Eiweißfäden aus Proteinen und Nucleinsäuren (Desoxyribonucleinsäure DNS oder meistgebraucht in englischer Sprache desoxyribonucleincnacid DNA). Vergrößert man die Eiweißfäden noch stärker, dann erkennt man kugelige Histone (Eiweißkugeln), um die DNA- Fäden gewickelt sind und so mit einem gewissen Abstand Kugel an Kugel, besser Histon an Histon, liegt. Damit diese Kugelketten möglichst platzsparend angeordnet werden können, befinden sich die Kugeln (Histone) ähnlich angeordnet wie die Körner eines Maiskolbens. Vergrößert man die Ansicht noch einmal deutlich, dann erkennt man die DNA in ihrer Strickleiterstruktur. Die Stufen der Strickleiter besten aus den chemischen Bausteinen A (Adenin), C (Cytosin), G (Guanin) und T (Thymin). Aus diesen 4 Bausteinen besteht der genetische Code, also die Schrift, in der die Erbinformationen geschrieben sind. Zur Festlegung einer Erbinformation wird durchschnittlich ein DNA- Faden benötigt, der um eine Kette von bis zu 300 Histonkugeln geschlungen ist. Das Gen ist ein unterschiedlich großer Abschnitt auf der DNA, der eine Eigenschaft im Körper beeinflussen kann. Dabei beeinflussen sich Gene gegenseitig oder ergänzen sich in ihrer Wirkung.

Ein Chromosom ist ein Kunstwerk der Verpackung. Nur durch die mehrfach geschickte Spiralisierung, Umwicklung und Anordnung ist es möglich, dass die mehrere Zentimeter langen DNA- Eiweißfäden in einem 10.000fach kleineren Behältnis unbeschadet und funktionstüchtig gelagert werden können.

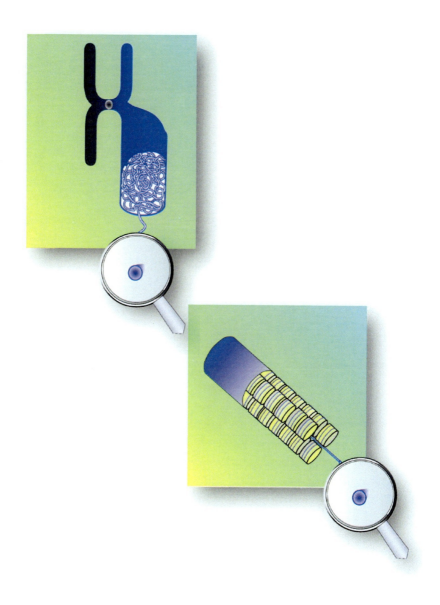

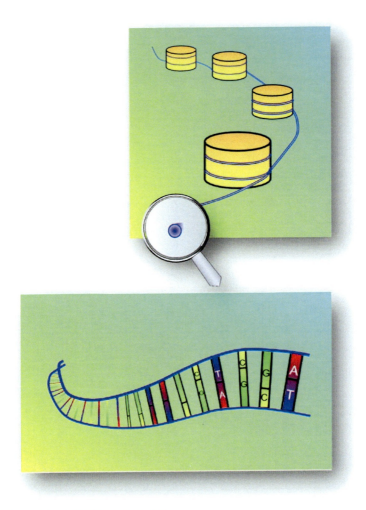

ABBILDUNG 39: VOM CHROMOSOM ZUR DNA

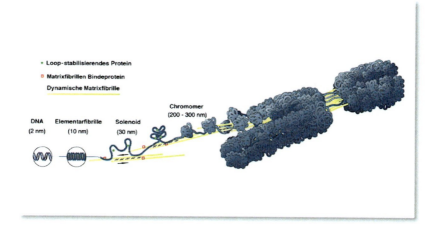

ABBILDUNG 40: WISSENSCHAFTLICHE ABBBILDUNG FÜR LESER MIT TIEFGEHENDEN AMBITIONEN (ABB. MIT FREUNDLICHER GENEHMIGUNG VON PROF. DR. G. WANNER, LMU MÜNCHEN)

Ein Chromosom (1/10.000 mm) ist, wenn es entfaltet wird, ein etwa 5 cm ! langer Eiweißfaden (DNA- Faden). Auf diesem DNA- Faden bilden verschieden lange Abschnitte ca. 1 000 Gene, die Körpermerkmale oder Körperfunktionen steuern. Die Anzahl der Chromosomen einer Art ist konstant und artspezifisch. Die Gesamtlänge aller DNA- Fäden beträgt ca. 2 Meter beim Menschen und beim Pferd etwas länger. Die Gesamtlänge der DNA- Fäden speichert die gesamten Erbinformationen eines Lebewesens oder einer Pflanze und die Gesamtheit der Gene wird Genom genannt. Gene codieren nicht nur einzelne Merkmale (Farbe, Größe, usw.) sondern auch ganz komplexe Körpervorgänge (Verdauung, Herzschlag, Hirnfunktion, usw.).

Normalerweise sind Chromosomen gleichartig (homolog). Nur ein Chromosomenpaar ist verschiedenartig (heterogametisch). Diese Chromosomen werden bei Säugetieren wegen ihrer Form X- und Y- Chromosomen genannt und differenzieren das Geschlecht. XX (homolog)

liegt bei weiblichen und XY (heterolog) bei männlichen Individuen vor. Beim Säugetier bestimmt demzufolge das Vatertier das Geschlecht, bei Vögeln ist es übrigens umgekehrt.

Merke: Ein Chromosom im Zellkern ist aus zwei identischen Chromatiden zusammengesetzt, welche in einem Zentralpunkt (Centromer) miteinander verbunden sind. Chromosomen bestehen aus kunstvoll zusammengelegten (spiralisierten) DNA- Fäden. Auf diesen liegen an bestimmten Orten (Loci) die Erbinformationen (Gene). Die Gesamtheit aller Erbinformationen auf den DNA- Fäden wird Genom genannt.

GENOM DES PFERDES

Erst im Jahr 2009 hat ein internationales Forscherteam (Horse Genom Project) aus 4 Kontinenten die gesamten DNA- Fäden des Pferdes, etwa zwei Meter lang, analysieren können. Die Wissenschaftler fanden 2,7 Milliarden Basenpaare mit 20.422 Genen und die wiederum auf 32 Chromosomen. Als Studienobjekt musste die Vollblutstute Twilight stellvertretend für alle Pferde mit einer kleinen Blutprobe dienen. Für ein Vollblutpferd entschlossen sich die nahezu 100 Wissenschaftler deshalb, weil diese Rasse eine geringe genetische Varianz (Reinzucht seit 1793) besitzt und so die Untersuchungen zur Entschlüsselung vereinfachte.

Auf den Eiweißfäden der Chromosomen ist mit vier chemischen Bausteinen A (Adenin), C (Cytosin), G (Guanin) und T (Thymin) das Erbgut des Pferdes komplett notiert. Bevor nun das Erbgut erfasst werden konnte, mussten die Wissenschaftler in Nordamerika, Europa, Asien und Australien zunächst einmal mit Millionen Einzelexperimenten die Sprache der Erbsubstanz entziffern und lesen lernen. Würde man die 2,7 Milliarden Buchstaben der Erbsubstanz des Pferdes in normaler Größe am heimischen Computer ausdrucken, dann wäre am Ende der Papierstapel glatte 50 Meter hoch!

Mit dem Horse Genom Project wurde die komplette Erbinformation (Genom) des Pferdes nunmehr kartiert, soll heißen, der Mensch weiß jetzt, in welchen Abschnitten (Loci) des Chromosoms Gene liegen. Das Ergebnis ist eine Genkarte. Doch ist damit erst ein Teilerfolg erzielt worden: Noch sind nicht alle Gene erfasst, auch ist nicht immer bekannt, für welches/welche Merkmale solches Gen codiert. Vollends kompliziert wird die Sachlage dadurch, dass Gene in Wechselbeziehung zueinander stehen, sich beispielsweise in ihrer Wirkung verstärken oder unterdrücken – ein weites Beschäftigungsfeld für zukünftige Forschung!

Genom Pferd	Genom Mensch
2,7 Milliarden Basenpaare	3,2 Milliarden Basenpaare
20.422 Gene	~24.800 Gene
32 Chromosomenpaare	23 Chromosomenpaare

Trotz dieser aufsehenerregenden Veröffentlichung im Herbst 2009 ist das Geheimnis der genetischen Information beim Pferd noch nicht komplett entschlüsselt. Ziel der Wissenschaftler ist in den kommenden Jahren, spezielle Markierungsstoffe (Marker) zu entwickeln bzw. Markergene zu identifizieren, die einzelne Gene so in den weiteren Erbgängen beobachtbar und verfolgbar machen. Mittels einer Genomanalyse kann dann die Frage beantwortet werden, ob ein Merkmal vorrangig genetisch- oder umweltbedingt ist. Mit Spannung wartet die Pferdezucht z. B. auf die Klärung, ob, und wenn wie, Skeletterkrankungen und Fragmentloslösungen im Gelenk (OC/OCD) weitervererben. Erst wenn wir wissen, welches Gen an welchem Ort (Genlocus) auf dem entsprechenden Chromosom ist, ob und wie es sich an die nächsten Generationen weitervererbt, lassen sich viele züchterische Fragen durch molekulargenetische Untersuchungen eindeutig beantworten.

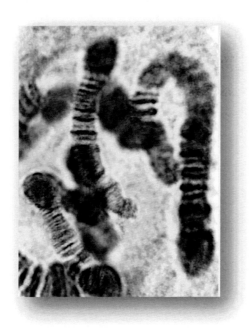

ABBILDUNG 41: CHROMOSOMEN IN DETAILAUFNAHME, DIE SPIRALISIERTEN DNA- FÄDEN SIND ALS STREIFEN SICHTBAR. CHROMOSOMEN SIND DIE SICHTBAREN TRÄGER DER GENETISCHEN INFORMATION.

Erstaunt waren die Wissenschaftler, dass das Genom des Pferdes eine sehr große Ähnlichkeit mit dem Genom des Menschen aufweist. Diese Ähnlichkeit ist wesentlich größer als die zwischen Mensch und Hund. Über 50% der Chromosomen des Pferdes sind menschenähnlich angeordnet. Die Ähnlichkeiten im Genom zwischen Mensch und Pferd, Größe und Anordnung, ist erstaunlich hoch. Die Wissenschaft erhofft sich aus den Forschungsarbeiten rund um das Genom Pferd auch wesentliche Erkenntnisse für den Menschen, denn mindestens 90 Erbkrankheiten, so der jetzige Stand, sind bei Pferd und Mensch identisch.

DNA- PROFIL

Der sog. menschliche Fingerabdruck, beispielsweise zur Überführung von Straftätern, ist seit langem bekannt. Heute gehen moderne Untersuchungsverfahren auf Grund molekulargenetischer Erkenntnisse wesentlich weiter. DNA- Proben aus vorgefundenen Haaren, Blut, Speichel, usw. helfen ebenfalls den Kriminaltechnikern, geben dem Genetiker aber auch Aufschluss über Vorfahren, Verwandtschaftsbeziehungen, usw.. Ein DNA- Profil ist für jedes Individuum typisch und deshalb einmalig. Um ein DNA- Profil anfertigen zu können, benötigt man lediglich einige Körperzellen mit einem intakten Zellkern. Molekulargenetiker isolieren die DNA aus dem Zellkern und identifizieren etwa ein Dutzend DNA- Abschnitte (Mikrosatelliten) auf ihre Eigenschaft. Daraus ergibt sich ein Code, der zunächst in Buchstaben (Basen A, C, G, T) und dann in einer Zahlenkombination angegeben wird und so eine individuelle (Gen-) Lebensnummer bildet. Die Genauigkeit dieser Gen- Identifikation beträgt 99,9%. An einer Stelle versagt die Identifikation total: eineiige Mehrlingsnachkommen und geklonte Tiere, denn beide haben dieselben DNA- Profile. Ein Labor benötigt für ein DNA- Profil natürlich Körperzellen. Kleinste Mengen reichen dabei aus: 2-5 ml Blut, Haare aus Schweif oder Mähne incl. Wurzel, Mundschleimhaut oder Sperma. Ein einfaches DNA- Profil (Mikrosatellitenmethode) kostet etwa 30 EUR. Ist die Identität eines Pferdes dokumentiert, lassen sich sehr genau Abstammungsnachweise erstellen. Mit dieser Methode lassen sich Abstammungen eines Pferdes sehr genau beweisen oder auch bestreiten, denn ein Nachkomme muss immer diejenigen Strukturen in der DNA aufweisen, die bei Mutter und Vater vorkommen. Hat ein Fohlen andere DNA- Muster, kann die Abstammung sicher widerlegt werden.

A (Adenin), C (Cytosin), G (Guanin) und T (Thymin)

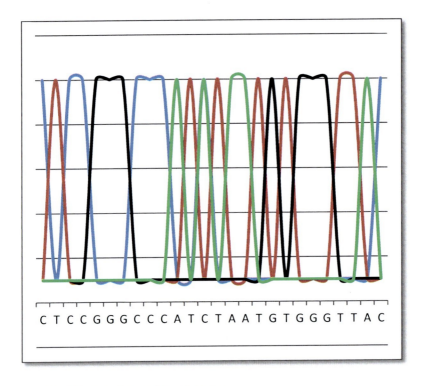

ABBILDUNG 42: INDIVIDUELLER DNA- ABSCHNITT

Geschlechtliche Fortpflanzung aus genetischer Sicht

ABBILDUNG 43: DEFINITION BEIM PFERD

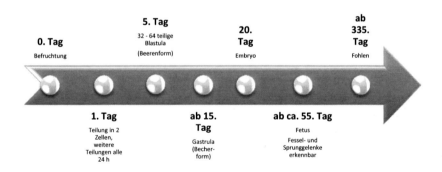

ABBILDUNG 44: EMBRYONALENTWICKLUNG (EMBRYOGENESE) BEIM PFERD

Aus einer befruchteten Eizelle (Zygote) entwickeln sich während der Trächtigkeit Billionen von Zellen. Unzählige Male haben sich, um einen Embryo, dann einen Fötus und zuletzt ein Fohlen ausreifen zu lassen, Zellen teilen, vergrößern und wieder teilen müssen. Bei jeder Zellteilung werden dabei Duplikate sämtlicher Erbinformationen im Zellkern vorgenommen. Mit Ausnahme der Samen- und unbefruchteten Eizellen besitzen sämtliche Zellen in ihrem Zellkern einen vollständigen Chromosomensatz.

Die Verdopplung und Entstehung von Tochterzellen wird in der Biologie **Mitose** genannt.

Bei der Mitose entstehen identische und erbgleiche Tochterzellen. Dieser Vorgang wird bei der Regeneration von Gewebe oder beim Wachstum von Jungtieren täglich millionenfach vorgenommen. So wird z. B. jede Knochenzelle, auch beim erwachsenen Pferd, spätestens nach 7 Wochen durch Mitose reproduziert. Ein Knochen eines ansonsten gesunden Pferdes ist demzufolge nach 50 Tagen komplett erneuert. Die Mehrzahl der Knochenbrüche ist nach dieser Zeit verheilt, der Knochen zu 100% wieder belastbar. Bei der Entwicklung von Urgeschlechtszellen zu den reifen männlichen Samen- und weiblichen Eizellen muss zunächst erst einmal eine Halbierung des Chromosomensatzes stattfinden und es werden somit erst bei der Geschlechtszellenreifung die Vorbedingungen für neue Kombinationen der Erbanlagen in den Nachkommen geschaffen, dies ist der Ansatzpunkt für alle züchterischen Betrachtungen.

Diese Halbierung des doppelten Chromosomensatzes nennt der Biologe **Meiose**.

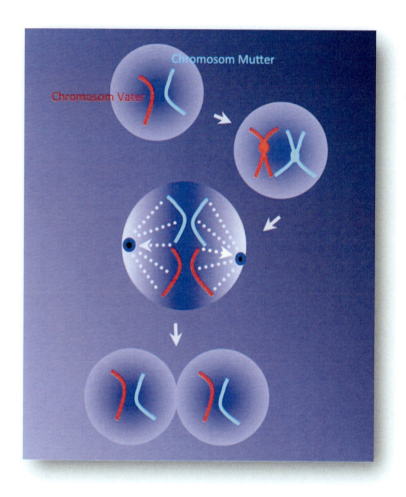

Abbildung 45: Mitose. Eine Tierzelle bildet Chromatiden aus. Diese werden zu den Zellpolen hin getrennt. Auch die Zellhülle trennt sich. Es sind zwei identische Tochterzellen entstanden. Bevor sich die neuen Zellen wieder teilen, entstehen wieder Chromatiden. ...

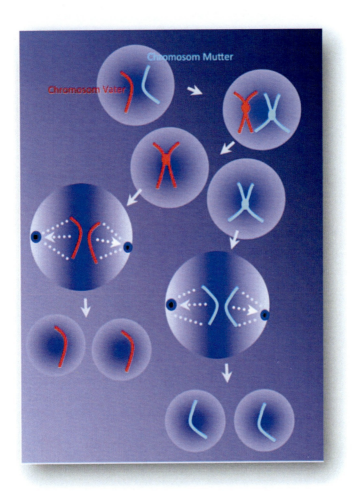

ABBILDUNG 46: MEIOSE. BEI DER SOG. REIFETEILUNG WIRD IN DER MEIOSE DER CHROMOSOMENSATZ HALBIERT. DIES IST DIE VORAUSSETZUNG ZUR GESCHLECHTLICHEN FORTPFLANZUNG.

Wird eine Eizelle von einer Samenzelle befruchtet, entsteht wieder eine Zelle mit einem doppelten Chromosomensatz, ausgestattet mit einem halben Chromosomensatz von der Mutter und einem halben Chromosomensatz vom Vater. Von welchem Großelternteil allerdings diese Chromosomen stammen, ist reiner Zufall. So ist es theoretisch möglich, dass ein Großelternteil gar nichts an seinen Enkel weitervererbt hat. Je größer die Chromosomenanzahl einer Spezies, beim Pferd sind es 32 Chromosomenpaare, umso unwahrscheinlicher, dass nur ein Großelternteil sich vererbt. Die theoretische Wahrscheinlichkeit, dass sich die Erbanlage eines Großelternteiles weitervererbt, beträgt 25%, denn ein Fohlen besitzt vier Großeltern.

Stutfohlen kommen mit einer bestimmten Anzahl Eizellen zur Welt. Befruchtungsfähige Follikel entwickeln sich nach Einsatz der Pubertät und die Stute wird ab diesem Zeitpunkt in mehr oder wenig regelmäßigen Zyklen rossen. Bei der Geburt eines männlichen Tieres sitzen direkt auf der Wand der Samenkanälchen die Ursamenzellen. Sie sind mit den Ureizellen beim weiblichen Geschlecht vergleichbar. Durch Mitose vermehren sich diese und liefern Spermiozyten. Diese wachsen zunächst heran und aus ihnen gehen dann durch weitere Mitose die Praespermiden hervor. Sie besitzen noch den doppelten (diploiden) Chromosomensatz. Es folgte eine Meiose, also eine Halbierung des Chromosomensatzes, die sog. Reifeteilung. Die Spermiden besitzen nun nur noch einen einfachen (haploiden) Chromosomensatz. In einem tief greifenden Umbauprozess entsteht letztlich die fertige Spermie mit Kopf, Hals, Verbindungsstück und Schwanz. Die fertigen Spermien pflanzen sich in die sog. Sertolischen Fußzellen ein und werden wahrscheinlich dort ernährt. Die Entstehung der befruchtungsfähigen Spermien nennt der Biologe **Spermatogenese**. Sie dauert beim Hengst 49 bis 57 Tage und lässt sich durch Medikamente, Zusatzstoffe (Vitamine, Minerale, Aminosäuren) oder spezielles Futter (hoher Eiweißgehalt, Aminosäuren, usw.) kaum positiv beeinflussen. Dagegen schadet besonders Stress, mangelnde Bewegung, schlechte

Futtermittelqualität, Übergewicht sowie die Gabe von Wachstums-hormonen während der Spermatogenese.

Zucht beginnt mit der Überlegung, welche männlichen und weiblichen Tiere als Elterngeneration zu Produktionen der nächsten Generation von Nachkommen als geeignet erscheinen und endet bei der Verschmelzung von Samen- und Eizelle zur befruchteten Zygote.

Merke: Jedes Pferd besitzt 64 Chromosome, sie stammen je zur Hälfte von der Mutter und vom Vater. In den Eierstöcken (Stute) oder Hoden (Hengst) werden die 64 Chromosomen wieder halbiert (Meiose). Wird eine Stute gedeckt, werden die 32 Chromosomen aus der Eizelle der Stute und die 32 aus der Samenzelle des Hengstes unabhängig voneinander neu zu 64 Chromosomen kombiniert (Mitose). Es gibt 2^{32} *Möglichkeiten vom Vater* $\times$ 2^{32} *Möglichkeiten von der Mutter* . Das sind 4.294.967.269 x 4.294.967.269 , also unglaubliche 18.446.744.073.709.600.000 (= ca. 18,5 Trillionen) Kombinations-möglichkeiten bei der Entstehung nur eines Fohlens. Alleine diese Zahl macht deutlich, dass jedes Fohlen individuell ist, daran erkannt werden kann und sich selbst von seinen Geschwistern (Ausnahme eineiiger Zwilling oder Klontier) immer und oft auch sehr deutlich unterscheidet.

Die bisherigen Ausführungen haben gezeigt, dass jedes Fohlen jeweils den halben Chromosomensatzes von Vater und Mutter, also jeweils 50% seines genetischen Potenzials von den Eltern erhalten hat. Modetrends und überalterte Vorstellungen in der Züchterschaft haben dagegen immer wieder, mal dem Deckhengst, mal der Zuchtstute, mehr Einfluss unterstellt. Aus einem ganz bestimmten Blickwinkel betrachtet haben diese Modetrends sogar ihre Berechtigung und, um Missverständnisse auszuräumen, soll dazu Stellung bezogen werden.

„Den größeren Einfluss hat der Deckhengst":

Als Züchter kann man sich selbst ausrechnen, dass eine Zuchtstute, und sei sie noch so fruchtbar, kaum mehr als vierzehn bis sechzehn Fohlen bekommen kann. Ein gefragter Deckhengst aber kann durchaus 500 Fohlen im Natursprung produzieren, in Zeiten des Einsatzes von künstlicher Besamung 2.000 – 5.000! Dennoch irren hier die Züchter: Der Einfluss des Hengstes auf die Zucht ist tatsächlich höher als der einer Mutterstute, da er mehr Nachkommen produziert, dennoch gibt der Hengst pro Bedeckung nun einmal nur die Hälfte zum genetischen Potenzial dazu, die andere Hälfte kommt über die Eizelle von der Stute.

„Den größeren Einfluss hat die Mutterstute"

Paart man einen kleinen Eselhengst mit einer großen Pferdestute, so erhält man als Produkt dieser Artenkreuzung das Maultier. Ein solches Maultier hat ein durchaus respektables Stockmaß und erinnert auch im Wesen eher an ein Pferd. Paart man dagegen einen Pferdehengst mit einer Eselstute, erhält man ein im Stockmaß dem Esel näher stehendes Produkt: den Maulesel. Befürworter der Theorie, dass Stuten einen höheren genetischen Anteil an der Nachkommenschaft haben, führen gerade das Beispiel Maultier/ Maulesel immer wieder ins Feld. Dem ist jedoch zu entgegnen, dass andere Faktoren hier eine weitaus wichtigere Funktion innehaben. Für die Größe bzw. das Stockmaß spielt nämlich die Größe des Uterus eine entscheidende Rolle und es ist einsichtig, dass eine Pferdestute über einen größeren Uteruskörper verfügt als ein weiblicher Esel. Die intrauterine Umwelt des Muttertieres ist also hier entscheidend. Diese günstige intrauterine Umwelt ich ein entscheidender Umweltfaktor, allerdings nicht genetisch festgeschrieben. Auch das Wesen der Bastardkreuzungen Pferd/Esel ist bestimmten Umweltfaktoren zuzurechnen. Da das Muttertier das Fohlen führt, werden bestimmte Verhaltensmuster ganz natürlich vom Jungtier übernommen, auch dies daher ein Umweltfaktor. Allerdings sei an dieser Stelle angemerkt, dass Biologen in den letzten Jahren ein Phänomen namens „genomisches Imprinting" entdeckt haben, wonach sich ein von der Mutter geerbtes Gen anders verhält als das gleiche Gen, wenn es vom Vater vererbt wurde.

MENDELISMUS

EINFÜHRUNG IN DIE KLASSISCHE GENETIK

Klassische Genetik wird derjenige Zweig der Vererbungslehre genannt, der auf den praktischen Erfahrungen und statistischen Ausführungen des Paters Mendel basiert und als Naturgesetz unter dem Namen Mendelsche Regeln heute praktisch jedem Schulkind schon nahe gebracht wird. Mendel führte seine Versuche mit Gartenerbsen durch, deren Unterarten scharf kontrastierende Merkmalsunterschiede aufwiesen und damit im Erbgang leicht zu erkennen waren. Diese im Kloster zu Brünn planmäßig gewonnenen Erkenntnisse wurden von Mendel 1866 veröffentlicht, von der Fachwelt selbst aber zunächst negiert. Unabhängig von Mendels Erkenntnissen kamen um die Jahrhundertwende der Deutsche Correns, der Niederländer De Vries und der Österreicher Tschermak zu gleichen Erkenntnissen. Jetzt erst horchte die die Fachwelt auf und zu Ehren des ursprünglichen Entdeckers erhielten die gewonnenen Naturgesetze den Namen „Mendelsche Regeln". Bereits 100 Jahre vorher waren die Ähnlichkeit zwischen Eltern und deren Nachkommen in der Vollblutzucht erkannt worden, doch konnte man sich diese planmäßigen Vererbungsschritte noch nicht erklären. Der weltbekannte Vollblutzüchter Frederic Tesio war einer der ersten Praktiker, der sich mit den Erkenntnissen Mendels vertraut machte, sie in seiner Pferdezucht anwandte und sich in seinem Buch „Breeding the Racehorses" (London 1938) kritisch damit auseinander setzte. Nach der Jahrhundertwende waren Mendels Erkenntnisse dann relativ rasch in der praktischen

Pflanzen- und Tierzüchtung verankert und allgemein anerkannt. Welche Wichtigkeit man 1927 den Mendelsche Regeln beimaß, mag zum Abschluss dieses Kapitels ein Artikel der „Illustrierten Rundschau für Vollblutzucht und Rennsport (1927) aufzeigen:

Der V. Internationale Kongreß für Ve rerbungswissenschaft wurde am 11. September in Berlin eröffnet und es waren 700 hervorragende Gelehrte aus allen Ländern vertreten. Professor Erwin Bauer-Berlin eröffnete die Verhandlungen, welche völlig unter dem Eindrucke der Forschungsergebnisse stehen, die uns der Mendelismus eröffnet hat. Auch der pr eußische Landwirtschaftsminister Dr. Steiger hielt eine Ansprache, und es ist, soweit es sich um unser engeres Gebiet handelt, zu hoffen, daß er seinen Ober - und Landstallmeistern ans Herz gelegt hat, sich für die Sache ebenf alls zu interessieren. Die auf dem Kongresse verhandelten Fragen haben nämlich enorm viel mit unserer Halbblutzucht zu tun, und namentlich mit der jetzt modernen Verstärkungstheorie, sowie der en behaupteter Konstanz. Es sind erst ein p aar Jahre her, da s chrieb Herr Gustav Rau, der Leiter der Abteilung für Pferdezucht im „Reichsverb and für Zucht und Prüfung deutschen Warmbluts": „Es mendelt an allen Ecken. Fast jeder, der heute schreibt, kommt mi t dem Mend elismus und sieht Ge spenster." („Rundschau", Band II, S. 11.) Hoffentlich kommt nun bald die Zeit, in welcher jeder, der Pferde züchtet, sich über die Mendel'sche Lehre klar geworden ist. Die Gespenster werden sich dann bald verf lüchtigen! Der Staat hätte es in der Hand, hier bahnbrechend voranzugehen. Leider überlässt er aber seine züchterischen Dispositionen Empirikern der Praxis, statt sie Männern der Wissenschaft anzuvertrauen, oder aber wenigstens deren Rat einzuholen. …

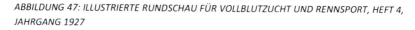

ABBILDUNG 47: ILLUSTRIERTE RUNDSCHAU FÜR VOLLBLUTZUCHT UND RENNSPORT, HEFT 4, JAHRGANG 1927

Die Mendelschen Regeln

Begriffe

Zum Verständnis zunächst einige Begriffe aus der Genetik:

Unter **Phänotyp** versteht man das äußere Erscheinungsbild eines Individuums mit seiner Gesamtheit morphologischer und physiologischer Merkmalausprägungen. Dabei haben die Umweltbedingungen einen mehr oder weniger starken Einfluss auf die Manifestation der Erbanlagen.

Unter **Genotyp** dagegen versteht ein Züchter die Gesamtheit aller in den Chromosomen lokalisierten Erbanlagen eines Individuums.

Demnach sehen beispielsweise Pferdezüchter einem vorgemusterten Pferd nur teilweise an, welche Chromosomen zur Ausprägung führten. Die Beurteilung eines Pferdes ohne ausreichende Kenntnis der Abstammung ist für einen Züchter daher praktisch unmöglich, während die Exterieurbeurteilung für den Reiter oder Trainer einen sehr hohen Stellenwert hat, da er ein vorgestelltes Pferd nur hinsichtlich eines bestimmten Gebrauchszweckes besichtigt. Hier ist der Phänotyp für den Nutzer ausreichend.

Der Reiter sucht sich sein Pferd unter dem Gesichtspunkt der Brauchbarkeit für einen bestimmten Verwendungszweck (z.B. Dressur, Springen, Cutting, Rennen) aus. Seine Kenntnisse hierzu basieren auf der Exterieurlehre. Den Züchtern hingegen interessiert, welche Eigenschaften eines Pferdes an die Nachkommenschaft vererbt werden. Seine Kenntnisse hierzu basieren auf der Vererbungslehre (Genetik).

Unter **Allele** versteht man die Ausprägung eines Gens im gleichen Genort (Locus) homologer Chromosomen. Es kann ein Pferd, und alle diploiden Lebewesen auch, in seinem homologen Chromosomen zwei unterschiedliche oder zwei gleiche Ausprägungen (Allele), so z.B. bei der

Farbe, aufweisen. Bei unterschiedlicher Ausprägung spricht man von Heterozygotie (Gemischterbigkeit), bei gleicher Ausprägung von Homozygotie (Reinerbigkeit).

Gameten sind die Geschlechtszellen (s. Zytogenetik).

Homozygot ist ein Individuum, wenn es in Bezug auf ein oder mehrere Alleenpaare gleich- oder reinerbig ist.

Heterozygot dagegen ist ein Individuum, welches in Bezug auf ein oder mehrere Allelenpaare spalt-, misch- oder ungleicherbig ist.

Dominanz ist das Überwiegen der phänotypischen Auswirkungen eines Erbfaktors. Hat z.b. ein Pferd auf dem einen Chromosomensatz die Farbe Schwarz (A) und auf dem zweiten Chromosomensatz die Farbe Rot (a), dann setzt sich die dominante Merkmalsausprägung Schwarz (A) gegenüber der rezessiven Merkmalsausprägung Rot (a) durch. Zu unterscheiden sind vollständige und unvollständige Dominanz. Dominante Merkmale werden oftmals groß geschrieben. Die in der klassischen Genetik gebräuchliche Niederschrift von Erbgittern kennt weiterhin eine P-Generation (lat. parentes = Eltern) sowie eine F-Generation (lat. filia = Tochter). In manchen Erbgittern wird zusätzlich der Buchstabe R verwendet (Rückkreuzungsgeneration).

Am Beispiel Farbvererbung des Pferdes werden die Erbgänge nach den Mendelschen Regeln verdeutlicht:

- Uniformitätsregel
- Spaltungsregel
- Unabhängigkeitsregel

Die **Uniformitätsregel** besagt, dass Nachkommen aus zwei homozygoten (=reinerbigen) Linien, die sich in einem bestimmten Allel unterscheiden, in der F1-Generation alle einheitlich (uniform) sind. Beispiel: Paart man einen homozygot dominanten Rappen mit einem homozygot rezessiven Fuchs, so sind alle aus dieser Anpaarung anfallenden Fohlen schwarz.

Die **Spaltungsregel** besagt, dass identisch monohybride F1-Individuen bei ihren Nachkommen in Merkmalsklassen mit bestimmten Verhältnissen aufspalten. Beispiel: Würden die eben erwähnten Rappen der F1-Generation miteinander gepaart, so würden phänotypisch drei Rappen und ein Fuchsfohlen erwartet werden können (Verhältnis 3:1), genotypisch würde es sich dabei um einen homozygot dominanten Rappen, zwei heterozygot dominante Rappen und einen homozygot rezessiven Fuchs handeln (Verhältnis 1:2:1).

Die **Unabhängigkeitsregel** stellt wiederum fest, dass Erbfaktoren der Genorte zufällig und unabhängig weitergegeben werden.

Exkurs: die geschlechtliche Fortpflanzung stellte man sich in der Vergangenheit als ein Gemisch väterlicher und mütterlicher Eigenschaften vor. Genau dies geschieht bei der geschlechtlichen Paarung jedoch nicht. Jedes Gen hat (genetische Sonderheiten wie Kopplungen, crossing-over usw. einmal zum besseren Verständnis außer Acht lassend) eine 50%ige Chance weitergegeben zu werden und zwar entweder über den Vater oder die Mutter. Es kommt somit immer wieder zu neuen Kombinationen und erklärt auch, warum Vollgeschwister sich nicht unbedingt in jedem Detail gleichen.

Dadurch, dass Vater und Mutter die Gene ihrerseits von ihren Eltern erbten, liegt ebenfalls bei 50%, doch der Enkel wird nur ca. 25% seiner Erbanlagen von jedem seiner vier Großelternteile besitzen. Da die Gene zufällig und unabhängig weitergegeben werden, könnte theoretisch auch ein Großelternteil ohne genetischen Einfluss auf seinen Enkel sein. Ein solcher Fall ist bei der Anzahl der Chromosomen und damit Gene des

Pferdes allerdings eher unwahrscheinlich, zeigt gleichzeitig aber auch auf, wie unbedeutend aus genetischer Sicht das Denken vieler Pferdezüchter in Hengst- oder Stutenlinien ist, gerade wenn ein bedeutender Urahn vielleicht erst in der 5. Generation in der Abstammungstafel eines Pferdes vorliegt!

DIE MENDELSCHEN REGELN IN DER PRAKTISCHEN PFERDEZUCHT

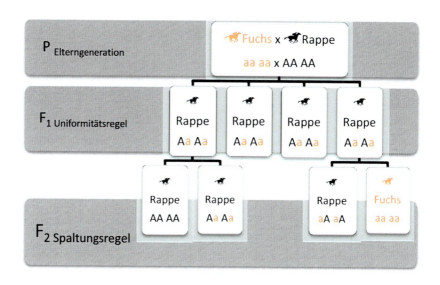

ABBILDUNG 48: WAS IST UNIFORM? WAS IST SPALTUNG?

Großbuchstabe: Merkmal dominant, Kleinbuchstabe: rezessiv (verdeckt)

Vererbungsgänge nach den Mendelschen Regeln können nur sehr begrenzt für die praktische Pferdezucht angewendet werden. Zur Anwendung kommen die Mendelschen Regeln in den Farbzuchten, so z. B. bei den Palominos, Appaloosas, Pintos, Paints, Altkladrubern, Knabstruppern, Lipizzanern, Tinkern, Friesen. Aber auch in der modernen Reitpferdezucht spielt die Farbe keine unwesentliche Rolle. Sog. Modetrends, so z. B. der Wunsch nach Füchsen oder Rappen bzw. großflächigen Abzeichen, können ein nicht zu unterschätzendes Wertkriterium darstellen. Sog. bunte Ponys sind oft doppelt so teuer, wie vergleichbare, einfarbige Individuen.

Zumindest eine weltbekannte Sportpferdezucht basiert jedoch einzig auf der Anwendung der Mendelschen Genetik: es ist die Zucht des irischen Hunters. Eine bedeutende Rolle spielen die irischen Hunter im Springsport der ganzen Welt. Ausgangsrasse ist das Irish Draught Horse, eine schwere Warmblutrasse mit spanischen (Andalusier) und Kaltblutwurzeln (Percheron). Stuten dieser kalibrigen Warmblutrasse werden dabei mit Vollbluthengsten angepaart. Hier macht man sich den maternalen (mütterliche Herkunft) Effekt zu Eigen, indem man fast ausschließlich Stuten dieser Rasse den Vollbluthengsten zuführt und nicht den umgekehrten Weg begeht (s. Kap. Geschlechtliche Fortpflanzung aus genetischer Sicht). Das Ergebnis Irish Draught- Stute x Vollbluthengst ist der schwere Irish Hunter. Diese werden teilweise in einem weiteren Zuchtschritt erneut mit einem Vollbluthengst angepaart und erzeugen dann in der F2- Generation den leichten irischen Hunter, einen besonders springfreudigen und wendigen Pferdetypus.

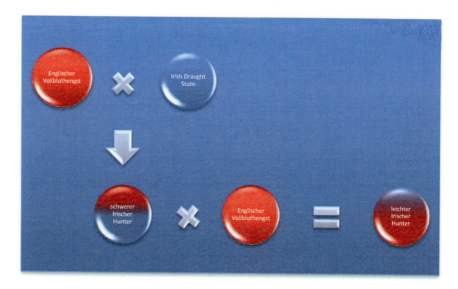

ABBILDUNG 49: ZUCHT DES SCHWEREN UND LEICHTEN IRISCHEN HUNTERS

Eine Weiterzucht erfolgt in der Regel dann nicht mehr, da sie entsprechend der Mendelschen Regeln sich in der nächsten Generation aufspalten würden, wobei der Anteil unerwünschter Eigenschaften (Streuungn der Phänotypen) die Wirtschaftlichkeit dieser Sportpferdeerzeugung stark einschränken würde. Diese Zuchtmethode des Irish Hunters wird in der Tierzucht unter Gebrauchskreuzung geführt.

FARBVERERBUNG

Vor der letzten Eiszeit (vor 12.000 Jahren) waren alle Pferde Braun oder Schwarz. Erst die beginnende Pferdezucht (vor 6.000 Jahren) führte zu weiteren Fellfarben. Seit etwa 100 Jahren beschäftigen sich Wissenschaftler, in Deutschland seinerseits WALTER (1912), mit der Farbvererbung bei Pferden nach den Grundsätzen der Mendelschen Genetik. Die Beschreibung einzelner Körperfarben variiert auch heute noch sehr stark und zwar sowohl zwischen einzelnen Ländern als auch zwischen den verschiedenen Pferderassen. Besonders die Farbzuchten in den USA differenzieren Dutzende von Farbvarianten, so z.B. bei Tigern, Schecken und Falben.

Als mehr oder weniger verbindlich für die Beschreibung der Farbe bei Pferden gilt in Deutschland für alle Zuchten und Rassen das Werk „Farbe und Abzeichen bei Pferden" (Meyer, Kummer, Denker 1973) sowie das Kennzeichnungsregelwerk der Federation Equestre Internationale F.E.I..

Generell weisen Säugetiere nur zwei Pigmentformen auf:

- **Eumelanin**, welche nur die zwei Farben Schwarz und Braun (bei zurückgedrängtem Schwarzton)

- und das Phäomelanin, welches die gelbe (bei aufgehelltem Rotton) oder rötliche Farbe erzeugt.

Folglich gibt es beim Pferd nur zwei Grundfarben: Schwarz und Rot. Alle dann am Pferd zu sehenden Körperfarben sind lediglich eine Kombination aus diesen beiden Farben:

BRAUNE

Braune Pferde tragen sowohl das dominante schwarze als ebenfalls das dominante Braun- Allel und können daher als zweifach reinerbig, einfach mischerbig und zweifach mischerbig vorkommen. Es sind jedoch grundsätzlich Kennzeichen brauner Pferde, das generell schwarze Mähnen und schwarze Schweife vorhanden sind! Der Braunfaktor ist stets dominant, steht aber nicht in Konkurrenz zu den Farben Rot und Schwarz sondern gehörte einer anderen Allelserie an. Farbnuancen kommen zusätzlich durch Aufhellungsfaktoren zustande. Bei der Beschreibung differenziert man in

- Hellbrauner (Hlb.)
- Brauner (B.)
- Dunkelbrauner (Db.)
- Schwarzbrauner (Schb.)

RAPPEN

Unter Rappen versteht man generell schwarze Pferde. Dabei müssen derartige Pferde im gesamten Fellkleid und in Mähnen- und Schweiftracht schwarz sein, ein braun gefärbtes Maul oder braune Flanken würden das Tier ansonsten zu einem Schwarzbraunen machen. Weiße Abzeichen sind erlaubt. Die Rappfarbe ist dominant über die Fuchsfarbe (rot). Früherer wurden Rappen mit teilweise hellerer Winter- Tönung als Sommerrappen, und heller getönte Pferde im Sommer als Winterrappen bezeichnet. Von Pferden, die das ganze Jahr gleichmäßig schwarz getönt waren, sprach früher der Züchter von Glanzrappen. In den modernen Regelwerken gibt es jedoch nur die Bezeichnung Rappe (R.).

FÜCHSE

Zytogenetische Grundlage für die Fuchs- Färbung ist die Farbe Rot. Die Proteine dieser veränderten, rezessiven Gene verhindern Schwarzfärbung (Eumelanin- Bildung), sodass nur Phäomelanin (Rot- Faktor) gebildet wird. Inzwischen ist es möglich, durch Laboranalysen diesen Rot- Faktor zu demaskieren, sodass in Rappzuchten Pferde diesen Genotypes schon vor Einsatz in der Zucht erkannt und ausgeschieden werden können.

Kennzeichnend für alle Füchse ist, dass das Schutzhaar (Mähne und Schweif) der roten Deckfarbe gleicht, heller oder dunkler ist. Niemals kommen bei Füchsen schwarze Mähnen und Schweife vor. Der Erbgang ist leicht nachvollziehbar und es können bei der Paarung von zwei Füchsen immer nur wieder Füchse entstehen. Bei der Beschreibung differenziert man in:

- Hellfuchs (Hlf.)
- Fuchs (F.)
- Dunkelfuchs (Df.)

Maßgeblich für die unterschiedliche Bezeichnung ist die Tönung der Fuchsfarbe.

SCHIMMEL

Der Schimmelfarbe liegt eine epistatische Genwirkung zu Grunde. Einfacher ausgedrückt: Ein Gen unterdrückt die Wirkung eines anderen Gens. In Wirklichkeit sind Schimmel Pferde mit normal gefärbtem Haarkleid, folglich werden die Fohlen üblich gefärbt geboren. Besitzt ein Fohlen ein sog. „Schimmel- Gen", dann unterdrückt dieses Gen immer stärker die schwarze oder rötliche Farbe. Das Pferd wird dann in jedem Fall einmal Schimmel werden. Deshalb ist es eigentlich falsch beim Schimmel von einer Farbe zu sprechen. Unter Umständen ist die spätere Schimmelung wenige Tage nach der Geburt des Fohlens erkennbar: stichelhaarige Partien, weiße Augenwimpern oder eine weiße „Brille" können den späteren Schimmel verraten. Da es sich um eine epistatische Genwirkung handelt, muss in jedem Fall ein Elternteil Schimmel sein, damit auch das Fohlen diese Farbe annehmen kann! Auffällig bei Schimmeln ist die Häufung von Melanomen im Scheidenbereich, dies scheint schimmeltypisch zu sein und kann den Zuchteinsatz in späteren Jahren erschweren. Da die Schimmelfärbung beim Fohlen aber oft noch nicht sicher erkennbar ist, pflegt man in Zweifelsfällen in den Papieren einzutragen: Kann Schimmel werden (kann Sch. werden). Dies aber nur, wenn wenigstens ein Elternteil Schimmel ist. Bei der Beschreibung differenziert man lt. Regelwerk der FEI in:

- Fuchsschimmel (Fsch.)
- Rappschimmel (Rsch.)
- Braunschimmel (Bsch.)

Ist die Schimmelfarbe gemischterbig, tragen 50% der Nachkommen ebenfalls die Schimmelfarbe. Paart man gemischtfarbige Schimmel miteinander, entstehen aus dieser Kreuzung 75% Schimmelnachkommen. Homozygot dominante (reinerbig + dominant) Schimmel schließlich vererben die Schimmelfarbe zu 100% an ihre Nachkommen. Als Beispiel kann der Vollblutaraber- Hengst AMURATH (geb. 1881 von TAJAR II a. d. OBEJA) dienen, der seinen sämtlichen über 500 Nachkommen die Schimmelfarbe mitgab.

ALBINO

ABBILDUNG 50: ALBINO, TRABER (FOTO: ARCHIV DR. BORMANN)

Albinos sind Individuen, die eine eigene Allelserie aufweisen, sodass Lebewesen weiß geboren werden. Der Grund ist eine angeborene Stoffwechselstörung der Pigmente oder Farbstoffe des Tieres. Die Haut sowie das Langhaar sind unpigmentiert. Deshalb schimmert das Blut durch die teils transparente Haut. Folglich hat ein Albino immer rötlich durchschimmernde Augen und keine Irisfärbung. Bei der Beschreibung wird im Equidenpass eingetragen: Albino (Albino)

Weißgeborene Pferde

Diese Pferde werden ebenfalls weiß geboren, haben aber im Gegensatz zu den Albinos hellbraune oder blaue Augen. In Deutschland gab es weiß geborene Schimmel, die sog. „Herrenhäuser Schimmel", die der Kurfürst von Hannover als Kutschpferde züchtete. Die Zucht wurde allerdings wieder eingestellt, weil die besondere Weißfärbung mit einem Letalfaktor (tödliche Erbanlage) in Zusammenhang stand. Homozygot dominant geborene Schimmel sind nicht lebensfähig, sie gehen bereits wenige Tage nach ihrer Geburt wegen einer Immunschwäche ein.

Falben

Unter Falben gemäß dem Regelwerk der Internationalen Reiterlichen Vereinigung (FEI) versteht ein Züchter ein Pferd mit gelber bis grauer Deckhaarfärbung, der Behang sowie die Hufe sind immer schwarz. Allele mit Wildpferdausprägung (Aguti- Gene) sorgen für die Falben- Farbe. Falben besitzen oft einen sog. Aalstrich und eine kurze, dunkle Querstreifung an den Beinen.

Die Internationale Reiterliche Vereinigung (FEI) unterscheidet bei der Beschreibung der Farbe von Falben nicht.

Isabellen

Isabellen entsprechen in ihrem Haarkleid dem Fuchs, nur sorgen Gene für eine Aufhellung sodass die Pferde cremig gelb und nicht rot erscheinen. Isabellen haben immer helle Schweife, Mähnen und Hufe. Eine bekannte Farbzucht, die Isabellenzucht betreibt, ist die Zucht der Palominos. Da diese Zucht nicht „erbfest" ist, gibt es in der Zucht immer wieder Abweichler, die nicht ins Stutbuch aufgenommen werden dürfen.

TIGER (TIGER)

Kennzeichnend für eine Tigerung sind mehr oder weniger große Farbflecken, die sich über den ganzen Körper eines Pferdes verteilt finden können (Volltiger) oder beispielsweise auf Lende und Kruppe beschränkt sein können (Schabrackentiger). Eine Tigerung kommt in allen Farbvarianten vor und ist dementsprechend zu kennzeichnen (z.B. Fuchstiger usw.). Eine weitere Besonderheit bei Tigern besteht darin, dass die Farbmuster während der Entwicklung eines jungen Pferdes Veränderungen unterworfen sein können und das endgültige Tigermuster erst etwa im fünften Lebensjahr eines Pferdes feststeht. Bekannte Pferderassen mit Tigerung sind z.B. Knabstrupper, Pinzgauer, Noriker und Appaloosas.

ABBILDUNG 51: GETIGERTER NORIKER, STADL PAURA (A), (FOTO: ARCHIV DR. BORMANN)

Der genetische Hintergrund zur Vererbung einer Tigerung ist derzeit noch nicht exakt geklärt: Ggf. sind zwei verschiedene Erbgänge denkbar, wobei einer dominant, der andere intermediär sein könnte. Zusätzlich wird diskutiert, ob eine epistatische Genwirkung die hier aufgeführten Erbgänge beeinflusst.

SCHECKEN

Große, zusammenhängende Farbflecken sind typisch für Schecken. Dabei kommen alle Farben, so z.B. Fuchsschecke, Braunschecke, vor. Die Amerikaner unterscheiden bei den Schecken

Tobianos, deren Kennzeichen ist fast immer ein dunkel gefärbter Kopf und stets weiße Beine. Das Weiß der Tobianos kreuzt fast immer die Rückenlinie und der Behang ist zweifarbig.

Overos, haben meist weiße Partien von der Seite aus, die Rückenlinie wird fast nie gekreuzt, der Kopf ist fast immer weiß, die Beine gefärbt.

Diese Unterscheidung der Amerikaner macht aus genetischer Sicht durchaus Sinn: Während sich Tobianos dominant vererben, liegt bei Overos ein rezessiver Erbgang vor. Bedeutsam ist dieser Unterschied vor allem deshalb, weil bei homozygote Overos ein letaler (tödlicher) Faktor, das white colt- Syndrom, zum Tragen kommt. Dieses Syndrom wird auch Killer- Gen genannt. In der Scheckenzucht kommt es immer wieder vor, dass auch einmal weiße Fohlen geboren werden, die aber nicht lebensfähig sind. In diesen Fällen geht mit dem totalen Pigmentmangel eine Veränderung der Darmwände einher, welche zum Darmverschluss führen kann. Die Fohlen zeigen spätestens nach 24 Stunden Kolikanzeichen und verenden innerhalb der ersten 2 Tage an Koliken.

Sorrel

- Fuchs, rotbraun: Körperfarbe rötlich oder kupferrot, Langhaar in Körperfarbe oder flachsfarben

Chestnut

- Kastanienbraun: Körperfarbe dunkelrot oder rötlichbraun, Langhaar dunkelrot oder roetlichbraun oder flachsfarben

Bay

- Braun: Körperfarbe gelblichbraun, rot, rötlichbraun, Langhaar schwarz, Unterschenkel schwarz

Brown

- Braun: Körperfarbe braun bis schwarzbraun, Stichelhaar an Maul, Augen, Flanken, Innenseite Oberschenkel, Langhaar schwarz

Black

- Schwarz: reinschwarzes Pferd ohne andersfarbige Stichelhaare, Langhaar schwarz

Palomino

- Goldfarbe: Körperfarbe goldenes Gelb bis Isabellfarben. Langhaar immer weiß, kein Aalstrich

Buckskin

- Falbe mit dunklem Langhaar: Körperfarbe goldgrau bis hellbraun. Langhaar schwarz. Oft Aalstrich und schwarze Unterschenkel

Dun

- Gold: Körperfarbe gelblich bis Goldbraun. Langhaar schwarz, braun, rot, gelb, weiß, mischfarbig, Oft Aalstrich, Zebrastreifen an den Beinen und diagonale Streifen über Widerrist

Red Dun

- Rot- Gelblichbraun: Körperfarbe braun mit gelber bis fleischfarbener Tönung, Langhaar und Aalstrich rot

Grullo

- Mausgrau: Körperfarbe rauchfarben bis mausgrau, Langhaar schwarz

Gray

- Grau: Mischung weißer Haare mit anderen Haarfarben, Graying effekt, Schimmelung

Blue Roan

- Blauschimmel: gleichmäßige Mischung weißer und schwarzer Haare

Red Roan

- Rotschimmel: gleichmäßige Mischung aus weißen und roten Haaren

ABBILDUNG 52: RECOGNIZED COLOURS DER AMERICAN QUARTER HORSE ASSOCIATION (AQHA)

HAT EIN ERFOLGREICHES PFERD EINE FARBE?

In der deutschen Vollblutzucht sind die Farben bei den Zuchttieren folgendermaßen verteilt:

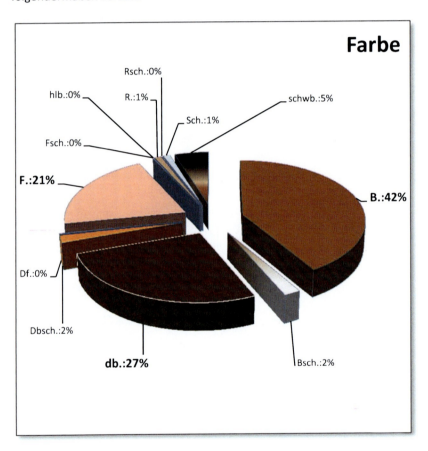

ABBILDUNG 53: FARBVERTEILUNG DER ZUCHTTIERE DER DEUTSCHEN VOLLBLUTZUCHT

Vorurteile hinsichtlich bestimmter Farben halten sich zwar hartnäckig, konnten wissenschaftlich jedoch bisher nie bestätigt werden. Keine der hier dargestellten Tabellen zeigen Leistungs- Unterschiede im Merkmale Farbe. Es bleibt die Erkenntnis: Ein gutes Pferd hat keine bestimmte Farbe.

Rennpferde der Deutschen Vollblutzucht, sortiert nach Farbe

	Renngeschwindigkeit m/s	GAG
Füchse	15,36	74,07
Rappen	15,39	76,09
Braune	15,38	73,84
Dunkelbraune	15,37	72,77
Schwarzbraune	15,37	72,23
Schimmel	15,48	75,52

VERERBUNG DES GESCHLECHTS

Die Vererbung des Geschlechts entspricht einem monohybriden Erbgang (es wird nur ein Merkmal, männlich oder weiblich, betrachtet), folgt ebenfalls den Mendelschen Regeln und lässt 50% männliche und 50 % weiblichen Nachkommen erwarten. Tatsächlich wird dieses Verhältnis bei einer genügend hohen Anzahl an Paarungen auch immer wieder annähernd erreicht. Abweichende Spaltungsverhältnisse sind in der täglichen Praxis der Pferdezucht allerdings möglich und können folgende Ursachen haben:

- Zufall
- zu geringe Stichprobe
- größere Beweglichkeit und höhere Resistenz der (leichteren) y-Spermien gegenüber der Gebärmutterumwelt, sodass sie mit größerer Häufigkeit an Befruchtungen beteiligt sind als x-Spermien.

- höhere Keimlingssterblichkeit beim männlichen Geschlecht bzw. bzw. höheres Geburtsgewicht männlicher Nachkommen, was zu erhöhten Geburtskomplikationen führen kann.

Viel spannender als die Beschäftigung mit einfachen Zahlenverhältnissen ist für den praktischen Züchter die Frage, ob sich durch bestimmte Maßnahmen das Verhältnis 50:50 ändern lässt, sodass der Züchter mehr Hengstfohlen, da besser vermarktungsfähig, produzieren könnte.

- Zunächst ging man davon aus, dass das leichtere y- Spermium bewegungsaktiver und schneller das Ovum erreichen müsste und empfahl deshalb, Stuten erst um den Folikelsprung herum und sogar danach zu decken. Praktische Erfahrungen bestätigten diese Theorie nicht.
- In der künstlichen Besamung versuchen Wissenschaftler durch Beeinflussung der Dichte, Geschwindigkeit, elektrische Oberflächenladung der Spermien bzw. des Ejakulates, usw. das Geschlecht bei den späteren Befruchtung zu beeinflussen. Sehr erfolgreich wird diese Methode bereits in der Rinderzucht verwandt, steht in der Pferdezucht noch in der Erprobungsphase, doch sind bisherige Ergebnisse vielversprechend.

GESCHLECHTSBESTIMMUNG BEIM FETUS

Aber nicht nur auf der Geschlechtsvorgabe wurde geforscht, sondern auch der Ebene der Geschlechtsbestimmung beim Pferd. Der Vorteil, wenn beispielsweise eine Stute auf einer Auktion vorgestellt würde, die garantiert mit einem Hengstfohlen niederkommen würde, liegt auf der Hand. Leider aber machen uns auf diesem Gebiet alle Equiden wiederum einen Strich durch die Rechnung. Bei einem männlichen Rinderföten kann man mittels Ultraschall die Hoden erkennen. Da bei bei einem Hengstfohlen die Hoden erst kurz vor oder nach der Geburt in den Hodensack (Scrotum) gelangen, fällt die

Ultraschalluntersuchung hier aus. Auch die in der Humanmedizin praxisreife Fruchtwasserpunktion zur Bestimmung von Geschlecht und Erbschäden kann nicht beim Pferd angewandt werden. Bei Equiden führt eine Fruchtwasserpunktion unweigerlich zu einem Spontanabort und ist somit tierschutzwidrig! Ein praktikabler, wenngleich auch noch nicht völlig ausgereifter Weg derzeit ist, dass man Stuten zur Geschlechtsbestimmung der Föten mittels Ultraschall-Videoaufnahmen scannt. Bei solchen Untersuchungen kommt es darauf an, den Tuberculus genitalis (Tg) zu erkennen, der beim Hengst der Vorläufer vom Penis und bei der Stute der Vulva ist. Voraussetzung für derartige Untersuchungen ist, dass die Stute völlig ruhig in einer Untersuchungsbox fixiert werden kann. Die dabei gewonnenen Videobilder lassen sich nach der Untersuchung in Ruhe mehrmals betrachten, um den Tg zu lokalisieren. Darmbewegungen und spontane Bewegungen der Stute oder des Föten können die Untersuchungen sehr erschweren. Nach verschiedenen Untersuchungen wird ein Zeitraum vom 50. bis 90. Tag für eine derartige Geschlechtsdifferenzierung mittels Ultraschall angegeben. Bei Untersuchungen an Vollblutstuten führten Scans zwischen dem 55. und 75. Tag zu nennenswerten Trefferquoten. Dennoch bleibt bei allen Untersuchungen immer ein hoher Prozentsatz an fraglichen Befunden.

GESCHLECHTSGEBUNDENE VERERBUNG

Australische Forscher fanden 1989 heraus, dass erfolgreiche Rennpferde von Geburt an ein besonders großes Herzgewicht aufwiesen. Allgemein bekannt ist, dass gesunde, große Herzen besonders leistungsfähig sind. HAUN wies 1997 nach, dass Pferde mit entsprechend hohem Herzschlagvolumen diese Fähigkeit von der Mutter geerbt haben. Es scheint also tatsächlich so, dass das weibliche x- Chromosom Träger für entsprechend große Herzen ist. Dieses

Wissen kann in der praktischen Pferdezucht z. B. von Renn-, Distanz- und Vielseitigkeitspferden von großer Bedeutung sein. Die Fokussierung nur auf einen sogenannten „Heart- Weight- Wert" (Herzgewichtswert) alleine garantiert allerdings nicht die Zucht von besonders leistungsfähigen Pferden, denn jeder Pferdezüchter weiß, dass ganze Merkmalskomplexe für den sportlichen Erfolg verantwortlich sind.

MUTATION

Die Konstanz der Erbanlagen und die daraus resultierenden Häufigkeitsverteilungen bestimmter Merkmale, wie durch die Mendelschen Regeln beschrieben, können durch Erbsprünge, so genannte Mutationen, nachhaltig verändert werden. Einerseits sind Mutationen Voraussetzung für die Evolution, letztlich auch für züchterische Veränderungen, andererseits in den meisten Fällen negativ genetisch wirksam und damit in der Tierzucht ein negatives Selektionsmerkmal. Wenn durch Mutationen auch neue Formen und Tiere erst entstanden, so ist aber die überwiegende Zahl der uns bekannten Erbkrankheiten auch auf Mutationen zurückzuführen. Mutationen lassen sich durch Strahlung (z. B. Röntgenstrahlen, radioaktive Strahlung) hohe Temperaturen oder chemische Stoffe (z.B. Senfgas) durchaus künstlich erzeugen, doch in der freien Natur sind Mutationen eher seltene Ereignisse. In der überwiegenden Mehrzahl der Fälle wirkt nach einer Mutation ein verändertes Gen letal, setzt also die Lebensfähigkeit des Anlageträgers herab. Bei einem homozygoten Erbfall ist das Schicksal des Anlageträgers damit häufig schon vor der Geburt besiegelt (embryonaler Frühtod). Als heterozygotes Merkmal kommt es mit Sicherheit in allen uns bekannten Tierrassen vor. Dieses ist auch der Grund für eine Vielzahl an erblich bedingten Krankheiten, die beim Pferd bekannt sind.

Mutationsarten werden unterschieden in:

- Genmutationen
- Chromosomenmutation
- Genommutation
- Somatische Mutation

Bei der Genmutation handelt es sich um einen Defekt innerhalb eines Gens. Dabei kommt es zu Veränderungen in der Basenfolge auf dem entsprechenden Abschnitt der DNA, wobei ein oder mehrere Glieder entfernt, ausgetauscht oder neu eingefügt werden können. Hierdurch wird der Informationsgehalt verändert. Erster Träger der Mutationen ist immer die F1-Generation, welche sich nach einer Mutation entwickelt. Mutationen dieser Art können alle Merkmale, Organe und Organsysteme verändern. Überwiegend jedoch erhalten sich mutierte Gene rezessiv und sind beispielsweise in der praktischen Tierzucht nach zwei bis drei Generationen im Anschluss an einen bedeutenden Vererber sichtbar, wenn dieser Erbträger eines mutierten Genes war.

Bei der **Chromosomenmutation** kommt es zur strukturellen Veränderungen der Chromosomen durch Pannen während des Faktorenaustausches, dem sogenannten crossing- over. Wissenschaftler erkennen einen Verlust von Bruchstücken am Ende oder innerhalb eines Chromosoms.

Das Erbgut (Genom) ist die Gesamtheit der mit der DNA, sozusagen als Speichermedium, gesicherten Erbinformationen. Genmutationen führen zu Veränderungen der gespeicherten Informationen. Davon betroffen können Gene und auch ganze Chromosomen. Bekannt bei Pferden die Trisomie 26, bei der es zu einer Verdreifachung des 26. Chromosoms kommt (Lethargie und mangelnde Leistungsbereitschaft) oder der Trisomie 30 (Kleinwuchs, mangelnde Leistungsbereitschaft).

Beim Menschen ist z.B. die Trisomie 21, also die Verdreifachung des 21. Genes, gut bekannt, diese Mutation führt zum Mongolismus.

Die **somatische Mutation** ist züchterisch ohne Belang. Sie betrifft Körperzellen, die während der Zellteilung Veränderungen erfahren und es dadurch z. B. zu andersfarbig pigmentierten Fellstellen kommt. Bekannte Beispiel sind die dunklen Flecken im Haarkleid fuchsfarbener Pferde, manchmal auch „Bend Or Spots" nach einem bekannten Vollbluthengst benannt. Diese typischen dunklen Flecken zeigte beispielsweise der prominente Fährhofer Ausnahmevererber ACATENANGO XX.

ABBILDUNG 54: DER 22JÄHRIGE AUSNAHMEVERERBER ACATENANGO XX MIT DEUTLICH ERKENNBAREN „BEND OR SPOTS".

Letal wirkende Gene sind auch in der Pferdezucht bekannt. Je nach Häufigkeit und Stärke (Penetranz) unterscheidet man wissenschaftlich exakt Letalfaktoren (100% Sterblichkeit), Semiletalfaktoren (50% - 99% Sterblichkeit) und Subvitalfaktoren (max. 50% Sterblichkeit).

Die sich aus Letalfaktoren ergebenen Erbkrankheiten können bei falscher Zuchtplanung zu gravierenden züchterischen Problemen führen, wie dies bei einzelnen Pferderassen durchaus bekannt ist:

- Megacolon, auch als „lethal white foal syndrom" (LWFS) bekannt (s. Farbvererbung).
- Hyperkaliämische periodische Paralyse (HYPP) beim Quarter Horse. Durch einen gestörten Natrium- Kalium- Stoffwechsel in der Muskelzelle kommt es anfallsweise zu Muskelkrämpfen, Zittern, Schwitzen und Festliegen. In der Quarter Horse- Zucht ist diese Erbkrankheit auf einen einzigen Hengst, IMPRESSIVE, zurück zu führen, heute ist HYPP mit etwa 4% Merkmalsträgern in der Rasse verbreitet. Da HYPP autosomal dominant vererbt wird, erben 50% der Nachkommen bei entsprechender Anpaarung dieses Gen, welches semiletal wirkt.
- Glycogen Branching Enzyme Deficiency (GBED) ist verantwortlich für Aborte, Totgeburten und lebensschwache, Quarter Horse- oder Paint Fohlen. Die Erbkrankheit wird autosomal rezessiv vererbt und endet letal.
- Combined Immundeficiency Disease (CID oder SCID). Die Krankheit vererbt sich autosomal rezessiv. Die Fohlen, häufig der Vollblutaraberzucht anhängig, leiden an einem Immunmangel, da keine normal funktionierenden Lymphozyten gebildet werden. Die erbkranken Fohlen gehen spätestens nach dem Säugen durch die Stute, die zunächst noch das Fohlen durch die Kolostralmich immunisiert, an bakteriellen und viralen Infektionen ein.

- Swyer Syndrom. Hier zeigen sich bei betroffenen Stuten nur xy- Chromosomen, weshalb sie dann auch unfruchtbar sind.

- Anirida mit Cataract nennt man eine autosomal dominante Erbkrankheit, bei der dem Pferd die Iris fehlt und zusätzlich der Graue Star auftritt. Zuletzt wurde diese Krankheit bei belgischen Kaltblütern und schwedischen Warmblütern beobachtet.

- Maternal (mütterlich) geschlechtsgebunden (X- linked) vererbt sich das Fehlen des Enzyms Glucose-6-Phosphat-Dehydrogenase, was zu einer besonders hohen Verlustrate in der Nachzucht führt.

- Haemophilia A kann nur männliche Individuen befallen, in der Humanmedizin spricht man von Bluter- Krankheit. Alle Pferderassen können diese Erbkrankheit besitzen, sie ist latent im Genpool des Pferdes vorhanden.

- Gilberts Syndrom. Die erkrankten Pferde aller Rassen besitzen einen auffällig hohen Bilirubinspiegel im Blut und sind Zwitter.

- Hyperelastosis cutis (HC), autosomal rezessiv vererbt, führt zu einer nicht widerstandsfähigen Haut, die ständig aufreisst und sich dadurch infiziert.

- Junctional Epidermolysis Bullosa (JEB),eine autosomal rezessive Hautkrankung der Belgischen Kaltblüter. Wegen der ständig einwandernden Keime müssen die Kaltblutfohlen meist eingeschläfert werden.

- Anterior Segment Dysgenesis (ASD) ist eine schwere Augenerkrankung (Zysten) der Rocky Mountain Horses.

- Besonders oft von einer Missbildung von Elle und Speiche sind Shetlandponies betroffen. Die autosomal rezessive Erbkrankheit behindert die Bewegungsmechanik stark.

- Ataxie. Sie tritt relativ häufig auf, fast jeder Pferdewirt kennt ein Beispiel und sie betrifft häufiger Hengst- als Stutfohlen. Ein unkontrollierter Bewegungsablauf, tritt mit zunehmendem Alter deutlich ausgeprägter auf. Eine Häufung in bestimmten Pferdefamilien ist erkennbar. Ob nur ein Gen (monogen) oder mehrere Gene (polygen) verantwortlich sind, ist derzeit nicht sicher zu beantworten.
- Narkolepsie. Derzeit wenig wissen Wissenschaftler noch über die sog. Schlafkrankheit, bei der Pferde urplötzlich eindösen und nicht selten stolpern, einknicken und stürzen. Bei der komplexen Narkolepsie handelt es sich um eine komplexe biochemische Störung, die sowohl eine erbliche (Hypocreatin- Rezeptor-Gen 2) als auch erworbene Ursache (Autoimmunerkrankung?) haben kann.
- Lavender- foal- Syndrom (LFS). Betroffen sind Vollblutaraberfohlen, die ein deutlich lavendelfarbenes Fell zur Geburt haben und nicht lebensfähig sind (nicht fähig aufzustehen und zu trinken, Nervenschäden, Blindheit, Gehirndefekte, usw.). Im Jahr 2010 fanden amerikanische Forscher heraus, dass das LFS eine Erbkrankheit ist. Phänotypisch gesunde Elterntiere können die Erbkrankheit rezessiv weitergeben. Erst wenn die beide gesunden Elternteile das LFS- Merkmal vererben, besteht eine 25%ige Wahrscheinlichkeit, dass das Fohlen wegen LFS eingehen wird. Noch im Jahr 2010 soll es einen entsprechenden Gentest geben.
- Wesentlich komplizierter ist der Komplex der polygenetisch, also durch mehrere Gene, bedingten Erbkrankheiten.

Über alle Pferderassen hinweg ist das Problem der Osteochondrose (OC) zu sehen. Darunter versteht man eine

Störung in der Zelldifferenzierung des wachsenden Gelenkknorpels, was zur Ablösung von Knochen-und Knorpelfragmenten führt, die im Röntgenbild als „Chips" zu erkennen sind und zur Lahmheit führen können (= OCD). OC gehört zu den häufigsten Gliedmaßenerkrankungen bei Fohlen aller Rassen.

Krankheitsbilder, welche durch mehrere Gene (polygen) an verschiedenen Orten (Loci) hervorgerufen werden, sind vor allem auch dadurch gekennzeichnet, dass bestimmte Umweltverhältnisse (Fütterung, Hormonstatus, Körpermasse, Alter, Haltungsformen, Training, Geburtszeitpunkt, usw.) fördernd oder bremsend auf Ausbruch und Verlauf der Krankheit Einfluss nehmen, wodurch enorm erschwert ist, züchterisch Maßnahmen zur Bekämpfung derartiger Erbkrankheiten einzuleiten. Bei der OC wird die Angelegenheit noch dadurch sehr kompliziert, dass einzelne Gelenke genetisch unterschiedlich gesteuert werden.

Weitere polygenetische Erbkrankheiten könnten sein: Spat, Tying up, Stimmbandlähmung („Ton"), chronischer Husten (chronisch obstruktive Lungenerkrankung, COPD), Nasenbluten, Einhodigkeit (Kryptorchismus), Nabelbruch, periodische Augenzündung (rezidierende Uveitis, ERU), allergisches Sommerekzem (SE), Melanome beim Schimmel, usw..

Weitgehend ungeklärt sind auch noch die Vererbungsgänge für Stalluntugenden, wie Koppen, Weben und Boxenlaufen. Solche Stereotypen basieren aber mit Sicherheit auf einer Wechselbeziehung zwischen Genotyp und Umwelt. Es konnte nachgewiesen werden, dass in bestimmten Pferdefamilien mehr Pferde koppen, als in anderen.

Wechselbeziehungen zwischen Genotyp und Umwelt sind auch für den Bereich Fruchtbarkeit belegt.

EINSATZ UND GRENZEN DER MENDELSCHEN GENETIK

Der Einsatz klassischer Genetik in der Tierzucht ist begrenzt. Die von Mendel erkannten Erbgänge beziehen sich nämlich nur auf ein oder weniger Merkmale, welche zusätzlich an homologen Genloci sitzen müssen. Merkmale, welche den mendelschen Erbgängen folgen, sind zunächst dadurch gekennzeichnet, dass sie nicht von Umweltfaktoren abhängig vererbt werden. Beispielsweise wird die Fellfarbe des Pferdes nur durch die Gene homologer Chromosomen und gegebenenfalls wenige übergeordneter Gene (Epistasie) bestimmt und führen zu denen uns bekannten Fellfarben. Gleiches gilt übrigens nicht für die Abzeichen des Pferdes, die unterliegen den Erbgängen der Populationsgenetik. Weiterhin bedeutungsvoll, dass Merkmale der klassischen Genetik in klar abgrenzbare Merkmalsklassen eingeteilt werden können. Beispielsweise können alle Pferde einer bestimmten Farbe zugeordnet werden, Grenzbereiche kommen nicht vor. Bei einfachen Ja/Nein- Fragen kann immer der Mendelsche Erbgang unterstellt werden, z. B.: Ist das Tier männlich/weiblich? Bezeichnend ist weiterhin, dass Mendelsche Erbfaktoren immer in bestimmten Merkmalsklassen aufspalten. Derartige Merkmale werden in der Genetik als qualitative Merkmale bezeichnet und von den quantitativen Merkmalen getrennt. Diese werden in der Populationsgenetik beschrieben.

POPULATIONSGENETIK

BEGRIFFE

Rasse, Familie, Schlag oder Typ sind in der Tierzucht häufig verwendete Substantive, ohne das jedoch bei den Züchtern Einigkeit über die Verwendung dieser Begriffe herrscht. Da die genetischen Parameter auf verschiedenen Ebenen erfasst worden sind, müssen vorab die entsprechenden Begriffe definiert werden:

Nach dem Ordnungswerk Carl von Linne (1707 – 1778) wird heute die zoologische Nomenklatur des Tierreiches vorgenommen. Dieses System ordnet das Tierreich in Klassen, Ordnungen, Familien, Gattungen und Arten:

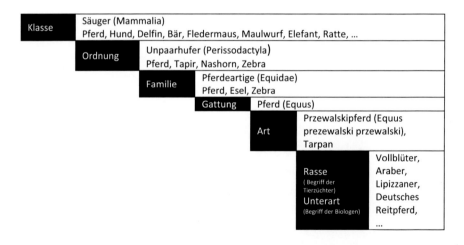

Klasse	Säuger (Mammalia) Pferd, Hund, Delfin, Bär, Fledermaus, Maulwurf, Elefant, Ratte, …		
	Ordnung	Unpaarhufer (Perissodactyla) Pferd, Tapir, Nashorn, Zebra	
		Familie	Pferdeartige (Equidae) Pferd, Esel, Zebra
			Gattung	Pferd (Equus)
				Art	Przewalskipferd (Equus prezewalski przewalski), Tarpan
					Rasse (Begriff der Tierzüchter) Unterart (Begriff der Biologen)	Vollblüter, Araber, Lipizzaner, Deutsches Reitpferd, …

Im 19. Jahrhundert verstand man unter Rasse Tiere einer Gegend von annähernd gleichem Aussehen. Heute ist eine **Rasse** eine Gruppe von Haustieren mit gemeinsamer Zuchtgeschichte, welche durch ihr Aussehen,

aber auch wegen bestimmter physiologischer und morphologischer Merkmale sowie der Leistung starke Übereinstimmung phänotypischer Art innerhalb der Individuen erkennen lässt. So können beispielsweise alle Vollblutpferde auf der Welt in der Rasse Englisches Vollblut zusammen erfasst werden. Rassezucht setzt voraus:

- Gezielte Verpaarung
- Eindeutige Abgrenzung von anderen Rassen und Wildformen
- Zuchtziel
- Zuchtprogramm

Innerhalb der Rassen können zwei Blöcke unterschieden werden:

- **Landrassen**. Dies sind geografische Rassen, welche sich unter dem Einfluss von Umwelt und Klima in einem bestimmten Gebiet entwickelt haben. Sie haben den Vorteil, am besten und längsten an die Bedingungen ihres Ursprungsgebietes angepasst zu sein. In der Regel sind sie noch nicht durchgezüchtet, haben daher eine größere genetische Varianz und bilden unter Umständen Ausgangspopulationen für andere Kulturrassen.
- **Kulturrassen**. Sie entstanden in Hochkulturen und verdanken ihre Entwicklung wirtschaftlichen und militärischen Bedürfnissen oder der Liebhaberei.

In der Pferdezucht sind heute über 726 Rassen bekannt (n. SAMBRAUS, 2010), die jüngste dürfte die im Sommer 2003 anerkannter Rasse der Hensonpferde (franz. Somme- Stuten x Fjordhengste) sein.

Der sich dem Begriff Rasse anschließende Begriff der **Population** sagt, dass es um

- eine statistische Grundgesamtheit geht
- und züchterisch eine Individuengruppe einer Tier- oder Pflanzenart, die eine Paarungsgemeinschaft bildet.

Dabei ist ihr Genbestand mehr oder weniger gleich und die vorherrschenden Umweltverhältnisse sind ähnlich. Tiere einer Population können können z.B. in einem Zuchtverband registriert sein..

Unterhalb der Population sind die Begriffe **Schlag**, **Linie** und **Typ** einzuordnen und zwar auf gleiche Ebene, da diese Begriffe lediglich unterschiedlicher Sichtweise entsprechen. **Linien** sind Zuchten innerhalb einer Population und die Begriffe Hengst- oder Stutenlinie sind jedem praktischem Züchter bekannt: Beispielsweise die D- Linie bei den Hengsten (DEWIL'S OWN → DETEKTIV → DUELLANT → DON CARLOS → DYNAMO → DONNERHALL) und der Stutenstamm der ALFERATE (GARIBALDI, BRENTANO I+II, WOLKENSTEIN I+II+III sowie das EM-, WM- und Olympiapferd BEAUVALAIS) des Hannoveraner Verbandes. **Schläge** (z.B. Haflinger/Arabohaflinger, jetzt eigene Rasse Edelbluthaflinger oder schwere Typ des Pinzgauers und der leichtere Typ des Oberländers, welche gemeinsam die Rasse des süddeutsches Kaltblut begründeten) entwickeln sich innerhalb einer Population durch abweichende Zuchtziele oder gravierend andere Umweltverhältnisse, während **Typen** eher Gesamtheiten äußerlich erkennbarer Körpereigenschaften mit Rückschlüssen auf die Nutzungsrichtung verkörpern (Vielseitigkeitstyp, Dressurtyp, Springtyp, usw.).

Rasseporträt: Vollblut

Knapp über 700 Pferderassen sind derzeit weltweit bekannt, doch es sind nur drei Rassen die sich nach internationaler Übereinkunft mit dem Titel Vollblut schmücken dürfen:

- Arabische Vollblutpferde (Abkürzung im Pedigree hinter dem Namen: OX)
- Englische Vollblutpferde (XX)
- Anglo-Arabischen Vollblutpferde (X wenn mit OX oder XX verpaart und AA in Reinzucht)

Kennzeichen der Vollblutrassen ist zunächst einmal die **Reinzucht**, also die Verpaarung von Individuen nur innerhalb der eigenen Rasse (Ausnahme Anglo- Araber). Dies reicht als Kennzeichen für eine Vollblutrasse jedoch nicht aus. So werden beispielsweise Islandponys seit 800 Jahren nach Christus in Reinzucht auf Island gehalten, ohne dass sich daraus eine Vollblutrasse ergeben hat. Ein weiteres Merkmal der Vollblutrassen ist daher ein lückenloser Stammbaum der Vollblüter. Um beim obigen Beispiel zu bleiben: Die rein gezüchteten Isländer wurden und werden in Herden von mehreren Dutzend Stuten mit einem oder wenigen Hengsten zusammen gehalten. Welcher Vater exakt für eine entsprechendes Fohlen in Frage kam, wurde früher nicht hinterfragt und erst seit dem 19. Jahrhundert haben sich hier, wie auch im gesamten Europa, **Aufzeichnungen der Stammbäume** durchgesetzt. Anders dagegen bei den Vollblutrassen: Die Beduinen der Arabischen Halbinsel haben nicht nur die Stammbäume ihrer Familien und Stämme geradezu fanatisch rein gehalten, sondern diese Anschauung auch auf ihre wichtigsten Haustiere übertragen, die Pferde und Dromedare. Für das Englische Vollblutpferd kann das Jahr 1793 als Geburtsstunde der Zucht angesehen werden. In diesem Jahr wurde das erste General Stud Book herausgegeben, worauf sich (fast) alle heutigen Vollblüter zurückverfolgen lassen. Der Anglo-

Araber dagegen ist einer Kreuzung von Vollblutarabern und englischen Vollblütern zu verdanken. Allen drei Rassen ist dabei ein weiteres Merkmal gemeinsam: die **Leistungszucht**. Während es bei den arabischen Pferden die Wüste war, welche die Spreu vom Weizen trenne, sind es bei den englischen Vollblütern die Rennen, beim Anglo- Araber ein definiertes Zuchtziel, wie wir es von den Warmblutrassen kennen.

Nachweislich gab es die Zucht arabischer Pferde im Stammland der Zucht, dem Hochland des Nedjed (heutigen Saudi-Arabien) bereits um 700 n. Chr.. Damit ist die Rasse des **Vollblutarabers** die älteste Kulturpferderasse der Welt. Durch Siegeszüge des Islams verbreitete sich diese Rasse im ganzen Orient, kam nach Europa jedoch erst zur Zeit der Kreuzzüge (13. Jahrhundert). Die Isolation der arabischen Halbinsel wirkte sich positiv auf die Reinzucht aus, Feldzüge und damit fremde Kavallerien haben zu der Zeit niemals versucht, die trockenen und sandigen Wüstengebiete zu erobern. Es kam nicht zur Vermischung mit anderen Pferderassen. Gleichzeitig sorgte das harte Wüstenklima auch für eine schonungslose Selektion. Hinzu kam, dass Beduinen auf ihren Beutezügen nur Stuten ritten, die bei den schnellen, heimlichen Gefechten sich nicht schon frühzeitig durch Wiehern verrieten und außerdem auch noch Fohlen produzieren konnten. Durch die Wasserknappheit der Wüste war es nur wenigen Sheikhs möglich, einen Hengste zu halten. Der hohe Reinerbigkeitgrad (Homozygotiegrad) der heutigen Araberpferde lässt sich auf diese Tatsache zurückführen. Selbst ein Laie wird ein arabisches Pferd ohne Vorkenntnisse leicht erkennen: Der hochedle Hechtkopf, der stramme, kurze Rücken und der hoch angesetzte Schweif hinter einer fast waagerechten Kruppe sind unverwechselbarer Attribute des arabischen Pferdes. Eine anatomische Sonderheit teilt diese Rasse mit den Urwildpferden. In beiden Rassen kommen zu fast 50% Pferde vor, die 5 statt der üblichen 6 Lendenwirbel aufweisen und auch häufig eine reduzierte Anzahl Schweifwirbeln haben. Die im Stockmaß kleinen Pferde (146 cm – 156 cm) werden in verschiedenen Typen gezüchtet und stehen im Quadratformat. Betreut wird diese Reinzuchtrasse vom Verband der Züchter und Freunde des arabischen Pferdes (VZAP) oder dem Zuchtverband für Sportpferde Arabischer Abstammung (ZSAA), der übergeordnete Weltverband ist die World Arabian Horse Organisation (WAHO), die über die Reinheit der Rasse wacht. Da bei der Einfuhr von arabischen Pferden in der Vergangenheit aber durchaus einmal ein Pferd zumindest zweifelhafter Herkunft gewesen sein könnte, hat sich innerhalb des Verbandes der sogenannte Asil-Club organisiert, der nur Pferde anerkennt, welche lückenlos auf Original-Tiere des Orients zurückzuführen sind. Auch diese Untergruppierung hat einen Weltdachverband: The Pyramid Society. Gehalten wird diese gelehrige Rasse nicht nur für Freizeitreiten, Distanz- und Wanderreiten, Western und Shows, sondern auch als Rennpferd. Auch wenn der Vollblutaraber zu den Vorfahren des englischen Vollblüters gehört, so bietet er phänotypisch aber auch genotypisch heute ein völlig anderes Erscheinungsbild.

Englische Vollblüter sind deutlich größer als ihre arabischen Vettern: Stuten dieser Rasse haben eine Stockmaß von etwa 160 cm (± 4 cm). Wenngleich die Rasse durch die harte Selektion auf der Rennbahn ihre Zuchteignung beweisen muss, so wird dennoch dem Exterieur Aufmerksamkeit geschenkt. Tatsächlich ist der moderne Vollblüter ein im Langrechteck stehendes Pferdemodell mit langer, schräger Halsung, einer ausgeprägten Schulterpartie und Gliedmaßen von stahlharter Konsistenz und idealen Winkelungen. Bemängeln kann man den zunehmenden Anteil an Flachhufen und die nicht immer korrekt gestellten Beine. Wie bei den Arabern, so wird auch bei Rennpferden das Zuchtziel durch Reinzucht angestrebt. „Das Zuchtziel ist ein auf Erbgesundheit, Schnelligkeit, Ausdauer, Härte und Einsatzbereitschaft für höchste Leistungen gezüchtetes Vollblut mit Adel und genügend Substanz, welches darüber hinaus auf Grund seines Charakters, seiner Harmonie im Exterieur und seines natürlichen Bewegungsablaufes auch für die Verwendung in der Landespferdezucht sowie als Reitpferd geeignet ist." Selektionsmittel sind die Rennen, die als Leistungsprüfungen über den Wert jedes Pferdes entscheiden. Verband für die deutsche Vollblutpopulation ist das DIREKTORIUM FÜR VOLLBLUTZUCHT UND RENNEN mit Sitz in Köln. Übergeordneter Weltverband ist THE JOCKEY CLUB mit Sitz in Newmarket. Nachteilig im Sinne züchterischen Fortschritts macht sich allerdings in zunehmendem Maße das Verbot der künstlichen Besamung bemerkbar.

Wohl jedes Warmblut- Zuchtgebiet hat seine großen Vollblut-Veredler, die die Zucht als Stempelhengste geprägt haben: In Holstein Marlon xx und Ladykiller xx, bei den Hannoveranern Der Löwe xx und Faberger xx bei den Trakehnern. Der Oldenburger wurde durch den Einsatz des Vollblüters Adonis xx (1959) zum modernen Reitpferd.

Anglo-Araber sind Pferde direkter Kreuzung zwischen arabischen und englischen Vollblütern bzw. Tiere aus der Weiterzucht dieser Kreuzung. Besonders in Frankreich besteht eine blühende Anglo-Araberzucht, sie hat sich inzwischen als konsolidierte Rasse vor allem im Springsport bewährt. In Polen wird dieser Rasse unter dem Namen Malopolska- Rasse geführt und ist dort ebenfalls weit verbreitet. In Deutschland wird diese Rasse vom Verband VZAP und ZSAA betreut. Einen Ausnahmepferd seiner Rasse war der Hengst RAMZES x, im Hauptgestüt Janow Podlaski in Polen gezogen und von BARON CLEMENS VON NAGEL nach Deutschland in das Gestüt VORNHOLZ geholt. Der Holsteiner Zucht vermachte er eine hohe Anzahl talentierter Springpferde und in Westfalen produzierte er eine Anzahl hoch veranlagter Dressurpferde. In neuerer Zeit sind die Anglo-Araber REX THE ROBBER, BENEDIKT und MATCHO bekannt geworden. Nicht der Rasse Vollblut gehören Shagya- Araber, Gidran, Araberrassen und verwandte Rassen an, sondern sie sind auf der Kreuzung bodenständiger Stutenstämme mit arabischen Vollbluthengsten hervorgegangen, wobei zeitweise es sogar zu einer Verdrängungskreuzung durch Vollblutaraber kam, um den arabischen Adel zu erhalten. Derartige Rassen können mit Recht als konsolidierte Halbblutrassen bezeichnet werden. Hin und wieder ist in der

Fachpresse auch über Vollbluthannoveraner oder Vollbluttrakehner zu lesen. Selbstverständlich sind derartige Pferde keine Vollblüter im Sinne der Definition, sondern man will mit dem Vollblut- Zusatz die Reinzucht innerhalb einer bestimmten Rasse und über mehrere Generationen ohne fremdes Veredlerblut hervorheben.

ABBILDUNG 55: HANNOVERSCHE HALBBLUTSTUTE ORIANA V. CELLER LANDBESCHÄLER ORINOC(C)O AUS EINER STUTE VON JULIUS, GEB. 1897

Leistungsprüfungen in der Vollblutzucht. Zur Auswertung von Leistungsprüfungen in der Vollblutzucht muss ein Pferdewirt folgende Begriffe kennen:

Das **Generalausgleichgewicht** GAG ist eine Messgröße zur Beschreibung der Rennleistung. Tritt ein Rennpferd zum Rennen an und gewinnt dieses mit einer Pferdelänge Vorsprung vor dem geschlagenen Feld, dann wird es beim nächsten Rennen von dem sog. Ausgleicher des Sportverbandes mit einem zusätzlichen Renngewicht von 1 kg „bestraft". Der Ausgleicher geht dabei von der Grundregel aus, dass 1 kg Gewichtsvorteil etwa einer Pferdelänge in einem 1.600- Meter- Rennen entspricht. Der Grund für die „Bestrafung" ist, dass im nächsten Rennen alle Pferde wieder die selbe Chance haben, denn sonst wären die Wetten auf den Sieg nicht interessant und die Rennpferdezucht würde nicht finanziert werden können, denn tatsächlich finanziert sich der Rennsport allein aus den Einnahmen der Wetten am Totalisator. Ist ein Rennpferd trotz „Bestrafung" (= Ausgleich) wiederum schneller als seine Konkurrenz, wird das Renngewicht noch einmal erhöht. Da es nicht tiergerecht ist, ein Rennpferd mit immensen Renngewichten zu belasten, kommt das erfolgreiche Rennpferd in eine höhere Rennklasse, in dem nur Pferde mit einem bestimmten Renngewicht belastet sind. Die vom Ausgleicher festgesetzten Gewichte dienen im praktischen Rennbetrieb dazu, die Chancengleichheit von Pferden zu erhöhen. Damit wird der Wettkampf offener und die Möglichkeit, den Sieger leicht vorherzusagen, reduziert. Diese Maßnahme muss im Zusammenhang mit dem Wettgeschäft gesehen werden, aus dem sich der Renn- und Zuchtbetrieb fast allein speist.

Davon unabhängig muss das Jahres- GAG (Generalausgleichsgewicht) gesehen werden. Am Ende eines Rennjahres erstellen die Ausgleicher für praktisch jedes gelaufene Pferd ein GAG. Bei diesen Gewichten handelt es sich um theoretische Gewichte, die den phänotypischen Leistungsunterschied der Pferde betonen. Rein theoretisch müssten, wenn die Pferde diese Gewichte trügen, alle Tiere in einem sog. toten Rennen Nase an Nase durch das Ziel gehen. Das niedrigste zu vergebende GAG liegt derzeit bei 42 kg, Pferde internationaler Spitzenklasse können dagegen ein GAG von über 100 erhalten. So erhielt seinerzeit der deutsch gezogene Hengst STAR APPEAL xx ein GAG von 110 kg.

Natürlich läuft ein Pferd mit einem theoretischen Gewicht von 42 kg nicht gegen ein 100 kg- GAG- Pferd, sondern in verschieden katalogisierten Rennen laufen in der Regel Pferde ähnlicher Leistungsklasse gegeneinander. Dabei tragen sie Gewichte, die zumeist zwischen 54 und 64 kg liegen (inklusive Jockey und Sattel). Die Differenzierung der Leistungsklassen erfolgt durch die Rennausschreibungen: Generell wird unterschieden zwischen Flach-, Hürden- und Hindernisrennen. Alle drei Formen werden wiederum in Ausgleichs- und Altersgewichtsrennen unterteilt. Ein Ausgleich ist ein Rennen, bei dem das vom Pferd zu tragende Gewicht vom Ausgleicher festgesetzt wird, um gleiche Gewinnaussichten herzustellen. Ein Altersgewichtsrennen dagegen kann entweder als Zucht- oder Aufgewichtsrennen gelaufen werden, wobei im Aufgewichtsrennen das zu tragende Gewicht vom Alter, Geschlecht und bisherigem Gewinn abhängig ist. Bei einem Zuchtrennen tragen alle Pferde eines Jahrgangs gleiche Gewichte. Nur Stuten bekommen beim Zuchtrennen zum Ausgleich der geschlechtsspezifischen Nachteile eine sog. Stutenerlaubnis von 2 kg. Züchterisch ungleich bedeutender sind daher Altersgewichtsrennen während die Ausgleichsrennen, von denen es vier gibt (IV = mäßige Pferde bis I = sehr gute Pferde), eher das Wettpublikum ansprechen sollen.

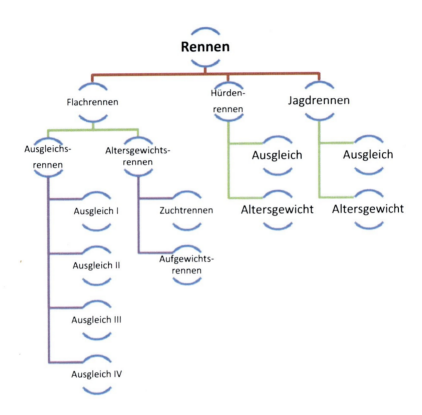

ABBILDUNG 56: RENNARTEN IN DER VOLLBLUTZUCHT

Black- Type. Nach internationaler Absprache versteht man darunter Pferde, die einen ersten bis dritten Platz in einem Gruppe- oder Listenrennen und damit einen herausragenden Rennen von internationalem Status erzielt haben, und damit in Auktionskatalogen und Deckanzeigen dick (fett) gedruckt (engl. black type) kenntlich gemacht werden dürfen. So genannte black type- Pferde bezeichnen also sehr erfolgreiche Pferde.

Zur Einschätzung der Rennleistung gelten folgende Faustzahlen:

GAG	Beurteilung
Nicht gelaufen	An keinem Rennen teilgenommen
ohne	Keine Rennleistung erreicht
42	unterstes Renngewicht, schwächste Rennleistung
ab 70	Körung als Veredlerhengst in der Warmblutzucht: • ab 70 kg in Flach- oder 75 kg in Hindernisrennen • ab 65 kg in Flach- oder 70 kg in Hindernisrennen bei mindestens 20 Starts in insgesamt drei Rennzeiten
Ab 95	Körung als Vollblutzuchtpferd: • ab 95 kg • 94 kg und ein Sieg in einem Grupperennen (internationales Rennen der höchsten Klasse)
ab 100	Weit überdurchschnittliche Rennleistung
ab 110	Absolutes Ausnahmepferd, erreichten bisher nur wenige Pferde in einem Jahrhundert. Das letzte war der Fährhofer Acatenango.

EINFÜHRUNG IN DIE POPULATIONSGENETIK

Beim Mendelismus werden Erbgänge beschrieben, welche mit den Regeln der klassischen Genetik zu erklären sind: Auf homologen Abschnitten eines Chromosoms sitzen sich Gene gegenüber, von denen dominante, intermediäre oder rezessive Wirkung ausgeht und ein Merkmal beeinflussen. In der Populationsgenetik dagegen herrschen andere Verhältnisse vor.

Bei der **Polygenie** beeinflussen mehrere Gene die Merkmalsausprägung, und können sich in ihrer Wirkung auch verstärkten.

Bei der **Pleiotropie** beeinfluss ein gen mehreren Merkmale.

122

Bei der **Polymerie** sind an der Merkmalsausprägung gleichzeitig mehrere Allelenpaare beteiligt.

Die meisten wirtschaftlich wichtigen züchterischen Merkmale, wie z.B. die Spring-, Dressur- oder Rennleistung beim Pferd, beruhen auf additiver Genwirkung. Additive Genwirkung liegt vor, wenn die Effekte der Gene auf die Ausprägung eines quantitativen Merkmales unabhängig von den übrigen beteiligten Genen sind, sie addieren sich zu dem genetisch bedingten Merkmalswert. Additive Wirkung liegt demnach vor, wenn die gemeinsame Wirkung aller Faktoren gleich der Summe der Einzelwirkungen ist. Schwierig wird dieser Sachverhalt dadurch, dass die an der Merkmalsausprägung beteiligten Gene nun nicht mehr auf homologen Chromosomenabschnitten sitzen, sondern verstreut auf unterschiedlichen Chromosomen sitzen können. Die Mendelschen Regeln werden damit nicht außer Kraft gesetzt, doch das Zusammenwirken von Genen verschiedenster Orte (Genloci) erschwert ungemein, die genetischen Hintergründe, wie bei der klassischen Vererbung, nachvollziehen zu können. Dies geschieht nunmehr in der Populationsgenetik, welche die Erforschung der statistischen Folgerungen des Mendelismus in einer Gruppe von Familien oder Individuen auf Populationsebene ist. Die mathematisch-statistischen Ansätze der Populationsgenetik sind, vereinfacht ausgedrückt, nichts anderes als Wahrscheinlichkeitsrechnung. Teil der Populationsgenetik ist die quantitative Genetik, ein Teil der Populationsgenetik, der sich mit den quantitativen Merkmalen beschäftigt. Quantitative Merkmale sind Merkmale, die mess- oder zählbar sind. Beim Pferd ist dies z.B. das Stockmaß, die Nachkommen-, Spring-, Dressur- oder Rennleistung. Quantitative Merkmale beruhen in der Regel auf additiver Genwirkung und haben eine kontinuierliche Häufigkeitsverteilung. Besonders herausgestellt werden muss in diesem Zusammenhang, dass quantitative Merkmale nicht allein von der Wirkung der Gene abhängen, sondern verschiedenste Umweltfaktoren bei der Ausprägung des Merkmals eine große Rolle spielen. Dazu ein Beispiel:

Wie immer eine tragende Stute gehalten oder gefüttert wird, die Gene an homologen Chromosomenabschnitten geben vor, dass das zu erwartende Fohlen z. B. ein Fuchs wird. Damit gehört die Farbvererbung zu den **qualitativen Merkmalen** und kann über den Mendelismus erklärt werden.

Verschiedene Haltungseinflüsse auf die tragende Stute und noch mehr bei dem Fohlen und Absetzer können sehr wohl darüber entscheiden, welches Endstockmass das zukünftige Pferd haben wird. Tatsächlich kann mit einer optimalen Fütterung kein überschüssiges Wachstum forciert werden, aber diese optimale Fütterung wird dazu beitragen, dass im Rahmen der genetischen Vorgaben die Wachstumskurve optimal ausgenutzt werden kann. Damit ist das Wachstum, erkennbar durch Beeinflussung von „Außen" (= Umwelt), ein quantitatives Merkmal.

Qualitative Merkmale sind nicht mess- oder zählbar, hängen von den Allelen eines oder weniger Genorte (Genloci) ab und sind durch Umwelteinflüsse nicht zu beeinflussen. Ihrer Häufigkeitsverteilung ergibt sich aus den Regeln nach Mendel.

Quantitative Merkmale dagegen sind mess- oder zählbar und hängen in der Regel von Allelen vieler Genorte ab. Umwelteinflüsse verändern hier phänotypische Ausprägungen. Ihre Häufigkeitsverteilung wird mathematisch- statistisch erfasst.

ABBILDUNG 57: UMWELT + GENOTYP = PHÄNOTYP

Die Bedeutung der Genetik für die Züchter besteht vor allem darin, die genetische Zusammensetzung der Nachkommengeneration voraussagen zu können. In der klassischen Genetik (Mendelismus) ist das einfach möglich, sofern der Genotyp der Elterngeneration bekannt ist.

In der quantitativen Genetik werden durch die Unzahl an Kombinationsmöglichkeiten, noch dazu in Abhängigkeit zur Umwelt, mathematische Modelle nötig, die immer nur annährend, als Wahrscheinlichkeitsrechnungen, Auslagen über künftige Filialgenerationen treffen können. Da niemals alle Faktoren in derartige mathematisch-statistische Modelle einfließen können, bleibt immer ein gewisser Restfehler, Statistiker sprechen von Restvarianz, übrig. Auch muss deutlich darauf verwiesen werden, dass niemals ein Individuum Gegenstand populationsgenetischer Betrachtungen ist, sondern immer die Population oder Gruppe. Das Individuum interessiert bei dieser Betrachtungsweise der quantitativen Genetik nur als phänotypische oder genotypische Abweichung von dem zu erwartenden statistisch ermittelten Mittelwert.

QUANTITATIVE GENETIK IN DER PRAXIS AM BEISPIEL DER RENNPFERDEZUCHT

Zunächst muss sich der praktischen Züchter die Frage stellen, was sich eigentlich unter dem Begriff Rennleistung verbirgt. Diese Fragestellung hängt eng mit der Aussage zusammen, dass Gene verschiedener Orte (Loci) an der Merkmalsausprägung beteiligt sind. Diese können genetischer oder auch umweltbedingter Art sein. Da ist zunächst einmal das Skelett des Pferdes: Die Winkel der Gliedmaßen, die Festigkeit der Knochen und der weitere Körperbau tragen sicherlich, wenn auch nicht in so starkem Maß, wie Warmblutzüchter und Fehlergucker manchmal meinen, zu einer guten Rennleistung bei. Funktion und Zusammenspiel der Hormone und Enzyme sowie Aufbau und Anhängung von Muskeln und Sehnen spielen genauso eine Rolle, wie die Leistung der inneren Organe. So liegt beispielsweise die Herzmasse landwirtschaftlicher Nutztiere bei 0,4 – 0,7% der Lebendmasse, kann bei Rennpferden dagegen bis zu 2% ausmachen, leicht vorstellbar also, welche Blutmengen dann während eines Rennens durch den Körper gepumpt werden können und dadurch mit Sauerstoff versorgt werden. Nicht zuletzt ist auch das Interieur, also Mut, Charakter, Durchhaltewillen, usw. von ausschlaggebender Bedeutung. Das Herdentier Pferd wird während eines Rennens gezwungen, die Sicherheit der Herde (= mitlaufendes Lot) zu verlassen und sich nach Möglichkeit im Finish von dieser zu trennen. Nicht jedes Pferd ist hierzu gewillt.

Diese Fülle an Möglichkeiten der Natur, am Merkmal Rennleistung teilzuhaben, lassen den Vollblutzüchter erahnen, wie schwierig ein solches quantitatives Merkmal objektiv zu erfassen ist. Im Gegensatz zu qualitativen Merkmalen, wo eine Klassifizierung der Individuen ausreicht, muss im Bereich der quantitativen Merkmale zunächst die Leistung exakt ermittelt werden. Die Milchleistung der Kühe, der Wollertrag von Schafen oder die Legeleistung von Hühnern kann recht einfach erfasst werden. Die Leistung von Pferden dagegen ist objektiv weniger leicht messbar und genau dies macht die Pferdezucht so schwierig. Im Prinzip ist Pferdezucht genauso leicht oder schwer wie die Rinder- oder Schweinezucht, doch die Erfassung exakter Leistungen hat ihre Tücken. So muss beispielsweise modifiziert werden, ob das Leistungsmerkmal Rennleistung nach erbrachtem Erfolg auf Gras oder Sand, von welchem Geschlecht, bei welchem Alter und nach Distanz getrennt, erbracht wurde. Erbringt z. B. das Derby-Pferd über 2400 m eine bessere oder schlechtere Rennleistung als ein sog. Flieger über 1200 m? Schon hier hört ein direkter Vergleich im Merkmal Rennleistung auf.

Als Gradmesser für die erfasste Rennleistung dient das GAG. Ausgleicher des jeweiligen Sportverbandes (Jockeyclub) eines Landes, in Deutschland ist dies das Direktorium für Vollblutzucht und Rennen in Köln, erstellen am Ende eines jeden Jahres dabei das GAG und zwar getrennt für dreijährige Flachrennpferde, vierjährige und ältere Flachrennpferde, vierjährige Hindernispferde und fünfjährige und ältere Hindernispferde. Auch wenn die Vollblutzucht mit dem GAG als Grundlage ihrer Selektionsentscheidungen arbeitet, so muss doch angemerkt werden, dass es sich dabei um phänotypische Leistungsparameter handelt, nicht aber um züchterisch wesentlich wichtigere genotypische Daten. Der Einsatz der modernen Zuchtwertschätzung wäre in Zukunft sicher auch hier angebracht.

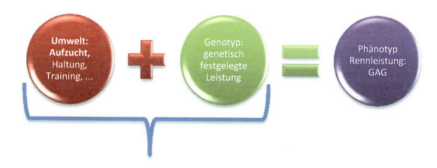

ABBILDUNG 58: DER PHÄNOTY SETZT SICH IMMER AUS EINEM TEIL UMWELT UND EINEM TEIL GENETIK ZUSAMMEN

Merke: Nur der genotypische Anteil an der Leistung eines Pferdes kann durch züchterische Maßnahmen bearbeitet werden!

Das Pferd als Individuum interessiert aus Sicht der Populationsgenetik nur in seiner Abweichung vom Durchschnittswert. Diese Betrachtungsweise ist praktischen Pferdezüchtern oft nur schwer zu vermitteln. Bei Gestüten mit größeren Stutenbeständen ist ein Züchter leichter geneigt,

unterdurchschnittliche Tiere aus der Zucht zu nehmen. „Kleineren"
Züchtern fällt erfahrungsgemäß die Herausnahme von Stuten, die nicht
dem Zuchtziel entsprechen, besonders schwer, weil sie oftmals damit ihre
ganze Zucht aufgeben müssten. Dennoch sollte der sog. „kleinere" Züchter
wissen und auch so durch professionelle Pferdewirte beraten werden, dass
immer dieselben strengen Selektionskriterien angewandt werden müssen,
um Erfolg in diesem Gebiet zu haben. Für ihn lohnt es ganz besonders,
immer wieder den Vergleich in der Zucht zu anderen, professionell
geführten Beständen zu suchen und damit einen Vergleich und eine
Überprüfung (Evaluation) mit seinen eigenen Zuchtstrategien zu haben.

DIE NORMALVERTEILUNG

Die grundsätzliche genetische Kennzeichnung einer Population lässt sich in
quantitativen Merkmalen und bei additiver Genwirkung durch eine
Normalverteilung ausdrücken. Zu Ehren ihres Entdeckers Karl Friedrich
GAUSS (1777 – 1855) wird diese glockenförmige Verteilungskurve als
Gausssche Normalverteilung benannt. Dieses statistische Modell ist ein
idealisiertes Modell für empirische Häufigkeitsverteilungen und
bedeutungsvoll als Ansatz für jegliche Art züchterischer Arbeit.

GAUSS fand heraus, dass sich ein Merkmal, wenn die Stichprobe genug
Messwerte besitzt, um den Mittelwert nach einem ganz bestimmten
Muster streut. Es gibt wenige Ausreißer nach oben und wenige Ausreißer
nach unten, die Mehrheit der Messwerte wird sich im Normalbereich rund
um den Durchschnitt einpendeln. Aus dieser Erkenntnis schuf Gauss seine
Gausssche Normalverteilungskurve.

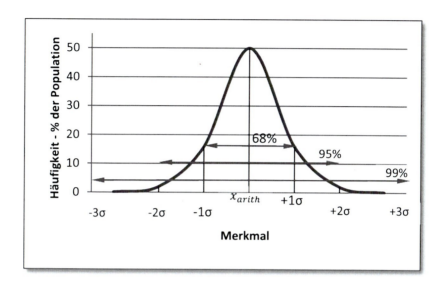

ABBILDUNG 59: ECKDATEN DER NORMALVERTEILUNGSKURVE

Gauss hat die Normalverteilung berechnet. Die nachfolgend abgebildete Grafik gibt diese Werte exakt wider. In der praktischen Pferdezucht ist es aber völlig ausreichend, mit den gerundeten Zahlen zu arbeiten. Deshalb sind alle nachfolgenden Daten der Gaussschen Normalverteilung in diesem Buch gerundet.

Ganz wesentlich für die Gausssche Normalverteilung ist eine genügend hohe Anzahl an Einzelwerten, um die Realität abzubilden. Das wird an folgendem Beispiel deutlich. Innerhalb eines Gestütes kann es durchaus nur große Pferde geben. Misst man aber das Stockmaß aller Pferde dieses Zuchtverbandes, dann wird es einige wenige ganz große, viele normalgroße und wieder einige wenige ganz kleine Individuen geben.

PRAKTISCHES BEISPIEL ZUR ERKLÄRUNG DER NORMALVERTEILUNG

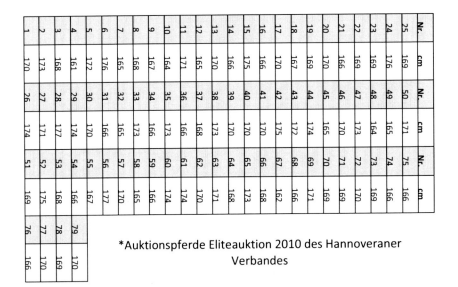

Nr.	cm	Nr.	cm	Nr.	cm	Nr.	cm
1	170	26	174	51	169	76	166
2	173	27	171	52	175	77	170
3	168	28	177	53	168	78	169
4	161	29	174	54	166	79	170
5	172	30	170	55	167		
6	176	31	166	56	177		
7	165	32	165	57	170		
8	168	33	173	58	165		
9	167	34	166	59	166		
10	164	35	173	60	174		
11	171	36	166	61	174		
12	165	37	168	62	170		
13	170	38	173	63	171		
14	166	39	170	64	168		
15	175	40	170	65	173		
16	166	41	170	66	168		
17	170	42	175	67	162		
18	167	43	172	68	166		
19	169	44	174	69	171		
20	170	45	165	70	169		
21	166	46	170	71	169		
22	169	47	173	72	170		
23	169	48	164	73	169		
24	176	49	165	74	166		
25	169	50	171	75	166		

*Auktionspferde Eliteauktion 2010 des Hannoveraner Verbandes

In einer Population von Pferden, hier hannoversche Auktionspferde, interessiert den Züchter das Merkmal Größe. Folglich wurde bei allen Individuen einer Auktion das Stockmaß zur Kennzeichnung dieses

Merkmales „Größe" aufgenommen. Aus der Menge der Einzelmessungen wird das arithmetische Mittel nach folgender Formel berechnet:

$$x_{arith} = \frac{x_1 + x_2 + x_3 + \cdots + x_n}{n}$$

$$x_{arith} = 169,3797468cm = \sim 169,4cm$$

Dabei ist x_1 der erste Stockmaß- Messwert ($170\ cm$), x_2 der zweite Stockmaß-Messwert ($174\ cm$) und x_n der letzte Stockmaß- Messwert ($170cm$). n ist also diejenige Anzahl Pferde ($79\ Pferde$), die an der Messung (Stichprobe) teilnahmen.

Bedingt durch die Gesamtzahl der Werte lässt sich auch die Lage der Werte zum Mittelwert durch den Streuungsparameter (Varianz) angeben

$$Streuungsparameter\ V = x_{max} - x_{min}$$

$$V = 177cm - 161cm = 16cm$$

Der Mittelwert dieser Auktionspferde ist 169,4 cm. Jetzt geht es zum nächsten Statistikschritt. Alle Einzelwerte werden in einem Schaubild (Diagramm) aufgezeichnet, wobei auf der x- Achse (Waagerechte) die Bandbreite des Untersuchten Merkmals, hier das Stockmaß, und auf der y-Achse (Senkrechte) die Anzahl der Beobachtungen (Häufigkeit) eingetragen wird:

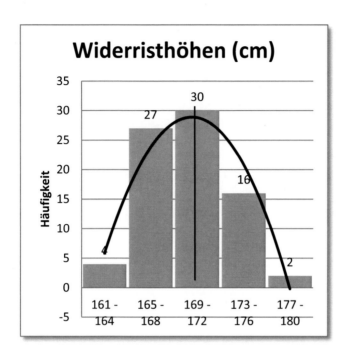

Die Kurve wird, je nach Merkmal, unterschiedlich verlaufen, ist aber in jedem Fall eine Kurve, die umso genauer ist, je größer die Stichprobe. Hauptsächliches Ziel der Kurve ist es nicht, nur den Mittelwert einzuzeichnen. Viel wichtiger ist die Streuung der Einzelwerte um den Mittelwert. Ausgedrückt wird die Streuung durch die sog. Standardabweichung σ.

$$\sigma = \sqrt{\frac{(x_1 - x_{arith}) + (x_2 - x_{arith}) + \cdots (x_n - x_{arit})}{n - 1}}$$

$$\sigma = 3{,}546 \; cm = \sim 3{,}5 cm$$

Das arithmetische Mittel x_{arith} und die Standardabweichung σ zusammen mit der Gausssschen Normalverteilung beschreiben nicht mehr nur noch die Eliteauktionspferde des Hannoveranerverbandes 2010, sondern die Gesamtheit (alle Auktionspferde des Hannoveraner Verbandes). Konkret für dieses Übungsbeispiel bedeute die Berechnung folgendes:

Bei hannoverschen Auktionspferden ist das durchschnittliche Pferd 169,4 cm ($x_{arith} = 169{,}4cm$) groß. Die Standardabweichung von 3,5 cm ($\sigma = 3{,}5\ cm$) bedeutet, dass rund 68% aller Beobachtungen bei hannoverschen Auktionspferden vom Mittelwert sowie plus oder minus 3,5 cm , also plus oder minus einer Standardabweichung) liegen. 68% der Pferde der Stichprobe haben ein Stockmaß von 169,4cm ± 3,5 cm. 95% der Pferde haben ein Stockmaß von $\pm 2\sigma$, also 169,4cm ± 7 cm und 99% ein Stockmaß von ± 3σ. Man sieht also: die Normalverteilung mit ihren Kennwerten x_{arith} und σ ist direkt interpretierbar. Sie ist demnach das geeignete Mittel zur Selektion des jeweiligen Merkmales, gleichgültig, ob es sich um die Milchleistung bei Rindern, Pass beim Isländer, Fleischleistung beim Schweinen oder der Turnierleistung beim Reining.

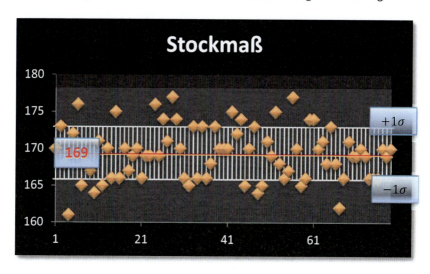

ABBILDUNG 60: GRAFISCHE AUSWERTUNG DER VERTEILUNG DES MERKMALS STOCKMAß

Die Schwäche dieser Übungsaufgabe wird dem Lernenden sofort deutlich geworden sein und zeigt ein wesentliches Problem der Populationsgenetik auf: Hier ist mit einer kleinen Einzel- Stichprobe (Eliteauktion 2010 des Hannoveraner Verbandes) auf alle hannoverschen Auktionspferde geschlossen worden. Mathematisch korrekt, aber mit dem Kardinalfehler, dass die Stichprobe nicht repräsentativ für alle hannoverschen Auktionspferde ist. Seriöserweise hätte man die Daten von wesentlich mehr Auktionspferden auswerten müssen, denn es ist überhaupt nicht klar, ob die Eliteauktion 2010 nicht in diesem Jahr vom gewohnten Lot abwich (Geschlecht, Alter, Spring- oder Dressurpferd, Abstammung, Anlieferer, Region, usw.). Damit das bekannte Vorurteil, mit einer Statistik kann man alles beweisen, widerlegt wird und ein Züchter keine falschen Schlüsse aus einer unzureichenden Erhebung zieht, ist größte Sorgfalt bei der Planung einer Stichprobe anzuwenden. Nur dann ist die Populationsgenetik in der Lage aus einer Stichprobe eine seriöse Aussage mittels der hier gezeigten Statistikmethoden zu errechnen.

Für das obige Übungsbeispiel wurde nur deshalb eine so kleine Stichprobe ausgewählt, um dem Lernenden eine zu große Datenmenge zu ersparen und so das eigene Nachrechnen zu ermöglichen.

FÜR STATISTIKFANS

Arithmetisches Mittel (Durchschnitt): 169,38, Geometrisches Mittel: 169,343, Harmonisches Mittel: 169,307, Median: 169, Modus (Modalwert): 170, Minimum: 161, Maximum: 177,Max./Min.: 1,099, Spannweite: 16, Quantil Q25: 166,Quantil Q75: 172, Quartilsabstand: 6, Anzahl der Werte: 79, Verschiedene Werte: 16, Mittlere Abweichung: 2,835, Mittlere absolute Abweichung: 3, Varianz: 12,572, Standardabweichung: 3,546, Chi-Quadrat-Test (X^2) auf Gleichverteilung: 5,789, Freiheitsgrade: 78

DIE NORMALVERTEILUNG ALS GRUNDLAGE DER ZÜCHTERISCHEN SELEKTION

In allen Tierzuchtverbänden und Zuchtbetrieben gilt die Normalverteilung als Grundlage der Selektion, jedenfalls solange es sich um die züchterische Bearbeitung quantitativer Merkmale handelt und nicht beispielsweise um eine Farbzucht, bei der die Mendelschen Regeln als Grundlage der Zuchtarbeit reichen würden. Bei der Selektion, welche auf den Grundlagen der Normalverteilung basiert, kennt die Tierzuchtwissenschaft drei verschiedene Selektionsmodelle:

Die stabilisierende Selektion. Hier werden jeweils die extremen Genotypen ausgemustert und die Annäherung an den Mittelwert x_{arith} angestrebt. Dadurch versucht man zu erreichen, das man möglichst nur Tiere zur Weiterzucht verwendet, die dem Idealtyp nahe kommen.

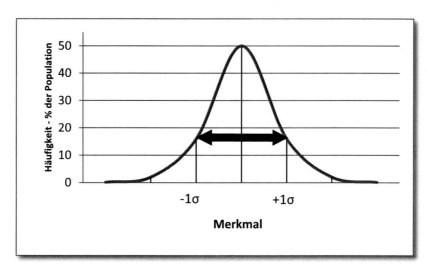

ABBILDUNG 61: STABILISIERENDE SELEKTION

Als Beispiel für die stabilisierende Selektion kann die Warmblutzucht dienen. Man geht hier davon aus, dass Pferde mit besonders harmonischen Exterieur für die zu erwartende Leistung (z.B. Dressur)

besonders geeignet sind. Und so hat sich gerade hier die Exterieurlehre bis zur Perfektion entwickelt. Es werden Hengste nur gekört (zur Zucht selektiert), wenn sie in besonderem Maß dem Idealtyp phänotypisch nahekommen. Ganz allgemein kann festgestellt werden, dass die stabilisierende Selektion ein Grundpfeiler der Exterieurlehre ist, bei welcher die vorgestellten Individuen einem Idealtyp möglichst nahe kommen sollen.

Bei der **diversifizierenden Selektion** werden phänotypische Extreme, welche in einer gegebenen Population anfallen, nur untereinander verpaart, was zur Bildung einzelner Schläge und ggf. neuer Rassen führen kann.

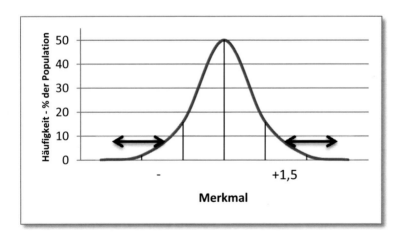

ABBILDUNG 62: DIVERSIFIZIERENDE SELEKTION

Zwei Beispiele für diversifizierende Selektion sollen in der praktischen Pferdezucht diese Methode beschreiben: Aus der bekannten Robustponyrasse des Shetlandponys „mendeln" sich ab und zu Phänotypen heraus, die in ihrer schlanken und hochbeinigen Form eher an Miniaturreitpferde erinnern. Tiere dieses Typs wurden in den USA untereinander weiter gezüchtet und haben, da der britische Zuchtverband den modernen Typ nicht anerkannte, zu einer eigenständigen Rasse in den USA geführt. In Deutschland heißt es seit dem Jahr 2000 Deutsches Classic Pony. Das andere Beispiel kommt aus der Vollblutaraberzucht. Klassische Zuchtprogramme in den Ursprungsländern der Zucht züchteten früher die verschiedenen Typen des Vollblutarabers (Kuhailan, Saqlawi, Muniqi) innerhalb eines bestimmten Typs rein.

Die gerichtete Selektion. Dieses Selektionsmodell bildet den klassischen Fall in der leistungsorientierten Tierzucht. Dabei kommen nun die in einem bestimmten Merkmal besten Tiere zur Fortpflanzung.

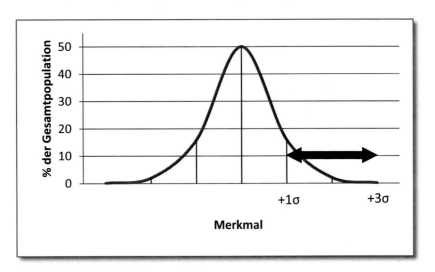

ABBILDUNG 63: GERICHTETE SELEKTION

Als klassisches Beispiel für gerichtete Selektion kann die Vollblutzucht angesehen werden, bei der in vielen Generationen Reinzucht allein auf das Merkmal Rennleistung selektiert worden ist. Aber auch die moderne, leistungsbezogene Warmblutzucht betreibt gerichtete Selektion. So z.B.

der Holsteiner Verband, deren Zuchtprogramme mittlerweile konsequent die Erzeugung von Springpferden vorsieht. Der dadurch erreichte Zuchtfortschritt hat andere Warmblutverbände später dazu gebracht, innerhalb ihrer Population einigen Springpferde-Zuchtprogramme (z.B. Springpferdezuchtverband Oldenburg- International) zu erstellen.

HERITABILITÄT

Streuung ist ein Ausdruck für die Unterschiede zwischen den Tieren in einem bestimmten Merkmale bzw. für die Abweichung der einzelnen Tieren vom Mittelwert der Population. Wenn zur Ermittlung der Streuung die gemessenen (phänotypischen) Leistungen der Tiere herangezogen werden, spricht man von der phänotypischen Streuung (Standardabweichung bzw. Varianz). Von besonderer Bedeutung für den Züchter ist aber auch gerade der genetische Anteil an dieser phänotypischen Streuung.

Unterschiede im Erscheinungsbild der Pferdezucht entstehen teils durch genetische Unterschiede und teils durch umweltbedingte Unterschiede.

Unterschiede im Erscheinungsbild (σ_p) = Unterschiede in der genetischen Information(σ_g) + Unterschiede in den Umweltbedingungen(σ_u).

Phänotypische Streuung (σ_p) = Genotypische Streuung (σ_g) + umweltbedingte Streuung (σ_u).

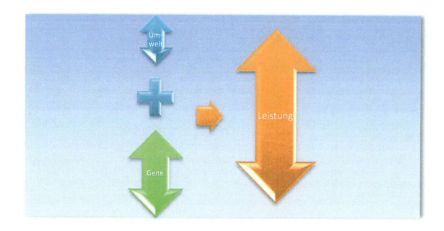

ABBILDUNG 64: LEISTUNGSMERKMAL MIT HOHER HERITABILITÄT (Z.B. TYP)

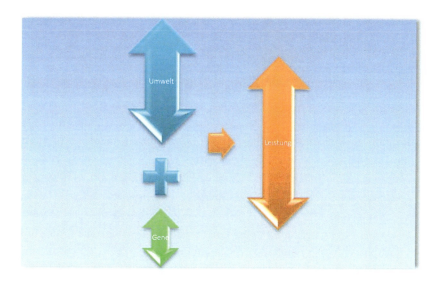

ABBILDUNG 65: LEISTUNGSMERKMAL MIT GERINGER HERITABILITÄT (Z.B. FRUCHTBARKEIT)

Mathematisch bedeutet dies:

140

$$\sigma_p^2 = \sigma_g^2 + \sigma_u^2$$

In einem aufwändigen mathematisch-statistischen Verfahren wird geschätzt, wie hoch bei einem Pferd der genetische und der umweltbedingte Anteil an seiner Leistung (oder Erscheinungsbild) ist. Für die Selektion, also der Auswahl der besten Tiere aus der Population zur Weiterzucht, sind die genetischen Unterschiede zwischen den Tieren entscheidend. Nur die erblich bedingte Varianz (σ_g) kann nämlich für die züchterische Verbesserung der Leistungseigenschaften einer Population ausgenutzt werden. Daher ist es erforderlich, den genetischen Anteil (σ_g) an der gesamten phänotypischen Varianz (σ_g) zu kennen. Um zu beschreiben in welchen Maße Merkmalen genetisch bedingt sind, können Genetiker den Erblichkeitsgrad, das Fachwort heißt Heritabilität, nach folgender Formel berechnen:

$$Heritabilität\ h^2 = \frac{\sigma_g^2}{\sigma_p^2}\ \text{(Werte zwischen 0 und +1)}$$

$$Heritabilität\ h^2 = 100 \times \frac{\sigma_g^2}{\sigma_p^2}\ \%\ \text{(Werte zwischen 0\% und 100\%)}$$

Die Heritabilität ist keine Naturkonstante, sie gibt lediglich die Verteilung der Varianz in einer bestimmten Population an. Sie trifft auch nur für diese Population zu, für die sie geschätzte wurde, dennoch sind die Heritabilitätskoeffizienten für unterschiedliche Pferdepopulationen im gleichen Merkmalen vielfach sehr ähnlich. Die Heritabilität h^2 kann Werte zwischen 0 und +1 (0% und 100%) annehmen. Je größer die Heritabilität ist, desto höher ist der genetische Einfluss am Merkmal eines Pferdes und umso eher verspricht die Selektion einen guten Erfolg. $h^2 = 0.3\ oder\ 30\%$ heißt nichts anderes, das 30% der beobachten Streuung eines Merkmals genetisch bedingt ist. Im Umkehrschluss besagt diese aber auch, dass 70% umweltbedingt ist.

Die klassische Farbvererbung, zu 100% genetischen Ursprungs, bei der Umweltfaktoren wie z.b. Haltung, Fütterung, Klima, Training, und vieles mehr keinerlei Auswirkungen haben, besitzt eine Heritabilität von $h^2 = 1\ oder\ 100\%$.

Generell sehr niedrige Heritabilitätszahlen weist in der gesamten Tierzucht das Merkmal Fruchtbarkeit auf. Hier liegen die Werte häufig bei $h^2 = 0,01$. Der professionelle Pferdewirt erkennt an diesem niedrigen Wert, dass es keinen Sinn machen wird, auf ein solches Merkmal zu züchten, sondern wird die Fruchtbarkeit seiner Pferde durch eine Verbesserung der Umweltfaktoren (Sonne, Licht, Hygiene, Haltungsformen, Vitamine, Fütterung, usw.) steuern.

Merke: Andrologie ist dasjenige Spezialgebiet der Medizin, welches sich mit den männlichen Geschlechtsorganen und deren Krankheiten beschäftigt. Für die weiblichen Geschlechtsorgane ist die Gynäkologie zuständig.

In der Vollblutzucht geschieht genau dies sehr konsequent, wenn anlässlich der Herbstuntersuchung die Sachverständigen tierärztlicher Hochschulen den gesamten Vollblutzuchtbestand einer eingehenden gynäkologischen bzw. andrologischen Inspektion unterziehen, die Zuchttiere in Fruchtbarkeitsklassen (I – V) einteilen und Maßnahmen zur Verbesserung der Fruchtbarkeitsaussichten empfehlen. Eine derart konsequente und fachlich fundierte Fruchtbarkeitsüberwachung korrespondiert mit einem Trächtigkeitsanteil in der Vollblutzucht, der regelmäßig bei über 80% liegt, während die entsprechende Quote in der Warmblutzucht nur Werte von 60 % bis 70% aufweist. Die niedrigen Heritabilitätszahlen für den Fruchtbarkeitskomplex insgesamt lassen es nicht geraten erscheinen, auf mehr Fruchtbarkeit zu züchten während die oben beschriebenen Maßnahmen den Fruchtbarkeitssatz doch deutlich heben.

Merke:

Die Heritabilität beschreibt, zu welchem Anteil ein Merkmal (z.B. Schritt, Leistungsbereitschaft, usw.) genetisch und zu welchem Anteil von der Umwelt (Aufzucht, Training, Reiter, usw.) bedingt ist. Je höher die Heritabilität, also der Einfluss der Gene, desto größer ist der zu erwartende Zuchtfortschritt. Merkmale mit einer geringen Heritabilität lassen sich züchterisch kaum beeinflussen. Je höher die Heritabilität eines Merkmals, desto wichtiger ist die entsprechende Zuchtplanung, je geringer die Heritabilität eines Merkmals, desto wichtiger ist die optimale Aufzucht eines Pferdes. Züchterisch und gleichzeitig wirtschaftlich von Bedeutung sind grundsätzlich nur mittlere und hohe Heritabilitätswerte.

Heritabilität im weiteren Sinne ist also das Maß, wie hoch genetische Faktoren für ein Merkmal und seine Variationen verantwortlich sind. Im engeren Sinne ist die Heritabilität ein Maß, das die Weitergabe phänotypischer Unterschiede von den Eltern zu den Nachkommen beschreibt. Mit der Heritabilität kann man also Züchtungsmaßnahmen vorhersagen.

Zur grundlegenden Beurteilung der Heritabilität helfen folgende Faustzahlen:

$h^2 = 0 \text{ bis } 0{,}2$	geringe Erblichkeit (Heritabilität)
$h^2 = 0{,}2 \text{ bis } 0{,}4$	mittlere Erblichkeit (Heritabilität)
$h^2 = 0{,}4 \text{ bis } 1$	hohe Erblichkeit (Heritabilität)

Merkmal	h^2	Rasse
30- Tage- Veranlagungstest		
Schritt	0.43	Deutsch. Warmblut
Trab	0.62	Deutsch. Warmblut
Galopp	0.50	Deutsch. Warmblut
Rittigkeit	0.40	Deutsch. Warmblut
Springanlage	0.71	Deutsch. Warmblut
70- Tage-Test		
Schritt	0.47	Deutsch. Warmblut
Trab	0.63	Deutsch. Warmblut
Galopp	0.45	Deutsch. Warmblut
Rittigkeit	0.60	Deutsch. Warmblut
Freispringen	0.57	Deutsch. Warmblut
Parcoursspringen	0.42	Deutsch. Warmblut
Fohlenbeurteilung		
Typ, Gebäude	0.26 - 0.41	Holsteiner
Gang, Schwung	0.28 - 0.40	Holsteiner
Stutbuchaufnahme		Holsteiner
Typ	0.30 - 0.41	Holsteiner
Oberlinie	0.16 - 0.23	Holsteiner
Vorhand	0.09 - 0.12	Holsteiner
Hinterhand	0.10 - 0.11	Holsteiner
Korrektheit Gangarten	0.12 - 0.19	Holsteiner
Schub, Schwung	0.25 - 0.26	Holsteiner
Zuchtstutenprüfung		
Schritt	0.31	Holsteiner
Trab	0.31	Holsteiner
Galopp	0.29	Holsteiner
Rittigkeit	0.32	Holsteiner
Freispringen	0.41	Holsteiner
Hengstleistungsprüfung		
Schritt	0.33 - 0.42	Deutsch. Warmblut

	0.34	Haflinger
	0.16	Südd. Kaltblut
Trab	0.47 - 0.50	Deutsch. Warmblut
	0.33	Haflinger
	0.28	Südd. Kaltblut
Galopp	0.38 - 0.43	Deutsch. Warmblut
	0.33	Haflinger
Rittigkeit	0.43 - 0.51	Deutsch. Warmblut
	0.22	Haflinger
Freispringen	0.46 - 0.47	Deutsch. Warmblut
Springanlage	0.62	Deutsch. Warmblut
Parcoursspringen	0.36 - 0.39	Deutsch. Warmblut
	0.30	Haflinger
Gelände	0.20	Deutsch. Warmblut
	0.15	Haflinger
Charakter	0.21	Deutsch. Warmblut
Temperament	0.26	Deutsch. Warmblut
Leistungsbereitschaft	0.30	Deutsch. Warmblut
	0.10	Haflinger
	0.14	Südd. Kaltblut
Konstitution	0.35	Deutsches Warmblut
Zuchtstutenprüfung		
Schritt	0.27 - 0.32	Deutsch. Warmblut
Trab	0.35 - 0.36	Deutsch. Warmblut
Galopp	0.35 - 0.37	Deutsch. Warmblut
Rittigkeit	0.30 - 0.35	Deutsch. Warmblut
Freispringen	0.35 - 0.37	Deutsch. Warmblut
Dressurpferdeprüfung		
Wertnote	0.41	Deutsch. Warmblut
Springpferdeprüfung		
Wertnote	0.23	Deutsch. Warmblut
Aufbauprüfung		
Wertnote Dressur	0.28	Deutsch. Warmblut

Wertnote Springen	0.18	Deutsch. Warmblut
Turniersportprüfungen		
Springen	0.10	Deutsch. Warmblut
Dressur	0.11	Deutsch. Warmblut
Stutenleistungsprüfung (Station)		
Leistungsbereitschaft, Umgang	0.09	Deutsch. Warmblut
Schritt Training	0.29	Deutsch. Warmblut
Trab Training	0.38	Deutsch. Warmblut
Galopp Training	0.22	Deutsch. Warmblut
Rittigkeit Training	0.19	Deutsch. Warmblut
Rittigkeit Fremdreiter	0.18	Deutsch. Warmblut
Rittigkeit Richter	0.19	Deutsch. Warmblut
Freispringen Training	0.29	Deutsch. Warmblut
Freispringen Richter	0.36	Deutsch. Warmblut
Stutenleistungsprüfung (Feld)		
Schritt	0.16	Deutsch. Warmblut
Trab	0.31	Deutsch. Warmblut
Galopp	0.16	Deutsch. Warmblut
Rittigkeit Fremdreiter	0.22	Deutsch. Warmblut
Rittigkeit Richter	0.20	Deutsch. Warmblut
Freispringen	0.39	Deutsch. Warmblut
Stutbuchaufnahme		
Typ	0.42	Deutsch. Warmblut
Oberlinie	0.25	Deutsch. Warmblut
Breite, Tiefe	0.14	Deutsch. Warmblut
Fundament vorne	0.12	Deutsch. Warmblut
Fundament hinten	0.29	Deutsch. Warmblut
Gangnote	0.28	Deutsch. Warmblut
Schub, Schwung	0.19	Deutsch. Warmblut
Typ		
	0.29 - 0.39	Schwedisches Warmblut
	0.34 - 0.41	Arabisches Vollblut
	0.28 - 0.31	Trakehner

		0.37	Süddeutsches Kaltblut
		0.20	Holsteiner Fohlen
		0.46 - 0.74	Deutsches Warmblut (Stute)
Schritt			
		0.30 - 0.37	Schwedisches Warmblut
		0.20 - 0.22	Isländer
Trab			
		0.20 - 0.22	Isländer
		0.26 - 0.37	Schwedisches Warmblut
Korrektheit Gliedmaßen			
		0.16 - 0.20	Isländer
		0.16	Süddeutsches Kaltblut
		0.26	Haflinger
		0.07 - 0.21	Shetlandpony
Rennleistung			
	GAG	0.28	2-jährig XX
		0.35	3-jährig XX
		0.29 - 0.51	4-jährig XX
		0.19	5-jährig XX
		0.49	XX Amerika
	Distanz 1.200 m	0.11	XX
	Distanz 1.800 m	0.09	XX
	Distanz 1.200 m	0.28	OX
	Distanz 1.600 m	0.30	OX
	Distanz 2.000 m	0.30	OX
	Distanz 2.200 m	0.18	OX
	Rennzeit	0.06 - 0.32	XX
		0.17	Quarter Horse
	Beste Rennzeit	0.47	XX
		0.23	XX Amerika
	Gewinnsumme	0.04 - 0.20	XX
		0.09	XX Amerika

Platzierung	0.13	Quarter Horse
Fruchtbarkeit		
	0.07	XX Großbritannien, Irland
Eigene Notizen:		

Interessant ist, dass über alle Pferderassen hinweg eine hohe Heritabilität im Merkmal Typ gefunden wird. Praktischen Züchtern ist beispielsweise die hohe Durchschlagskraft in der Vererbung bei arabischen Vollblütern bekannt, welche durch ihre hohe Homozygotie ihr typisches Aussehen an die Nachkommen weitervererben und auch nach oft 4 – 5 Generationen noch die Einkreuzung eines arabischen Vollblüters sichtbar bleibt. Zuchtleiter, die eine bestimmte Rasse mit arabischem Vollblut veredeln wollen, müssen wissen, dass die Rasse damit ein arabisches Flair bekommen wird. Ein anderes Beispiel betrifft die Zucht der Altkladruber Rappen: Hier wurde zur Erhöhung der genetischen Varianz und zur Inzuchtauflockerung vor einiger Zeit der Friesenhengst „Romke" eingesetzt und dessen rassetypischer Fesselbehang konnte noch einige Generationen unerwünschterweise bei den Kladruber Rappen, einer Rasse, die bemerkenswerter Weise als Weltkulturerbe eingestuft wurde, nachgewiesen werden.

Die festgestellten Heritabilitätszahlen unterstreichen darüber hinaus eindrucksvoll eine weitere bekannte Tatsache des Pferdezucht: Generell fordern Zuchtverbände in ihren Zuchtveranstaltungen, das Rassetyp und Geschlechtstyp bei den vorgestellten Tieren deutlich zu erkennen ist. Wallachartige Typen werden, berücksichtigt man die Heritabilitätswerte, zu Recht zurückgewiesen.

Der Stellenwert der Heritabilitätsberechnung wird u.a. an der OC/ OCD-Debatte deutlich. Etwa 20% der Warmblutpferde in Deutschland haben erkennbare Gelenkveränderungen (OC) oder daraus resultierende freie Knochen-/ Knorpelfragmente (OCD). Deshalb interessieren sich Tierzüchter und Veterinäre besonders intensiv für das Problem OC/ OCD. Mittlerweile ist es gelungen die Heritabilität der OC/ OCD zu bestimmen. Sie liegt bei 0.02 bis 0.33. Das bedeutet, die Gelenkveränderungen haben nur eine maximal 30%ige Ursache in der Genetik. Nur diese kann züchterisch bearbeitet werden. Folglich reicht es nicht aus, nur Genetiker und Tierzüchter das Problem OC/OCD bearbeiten zu lassen, schließlich sind 70% der Ursachen im Bereich der Umwelt zu suchen, so z.B. in der Fütterung (Übergewicht!), dem Geburtstermin und der Haltung

(Bewegung!). Hier sind die Züchter verantwortlich für ihre Pferde. Um wiederum sicher zu sein, dass das schnelle Wachstum und das gelenkschädigenden Übergewicht nicht genetisch bedingt ist, haben Populationsgenetiker auch die Heritabilität des Wachstums berechnet und festgestellt, dass beide Merkmale nur sehr gering genetisch festgelegt sind: 0.07 – 0.12. Es kann zum derzeitigen Stand also behauptet werden, dass bei der Vorsorge vor OC/ OCD der Pferdehalter wesentlich mehr Einfluss durch eine optimale Aufzucht besitzt als die Zuchtverbände durch Selektion gelenkgesünderer Pferde.

KORRELATION

Unter Korrelation verstehen Statistiker den rein mathematischen Zusammenhang zweier, getrennt erhobener Statistiken. Beispiel:

Erste Statistik: Die Anzahl der Babys in Deutschland nimmt ab.

Zweite Statistik: Die Anzahl der Störche in Deutschland nimmt ab.

Die Statistik kann also ganz korrekt sagen, dass die Anzahl der Babys und die Anzahl der Störche etwa gleich stark zurückgehen. Wie genau die beiden Kurven zusammenhängen, kann durch den Korrelationskoeffizient berechnet werden.

Beträgt der Korrelationskoeffizient $KOR(Anzahl \frac{Störche}{Babys}) = +1$, nimmt die Anzahl der Störche genau in demselben Verhältnis ab, wie die Anzahl der Babies (proportional).

150

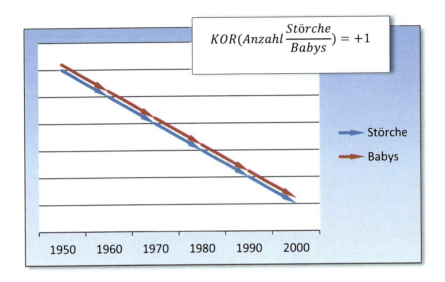

$$KOR(Anzahl \frac{Störche}{Babys}) = +1$$

Störche

Babys

1950   1960   1970   1980   1990   2000

ABBILDUNG 66: POSITIVE KORRELATION

Beträgt der Korrelationsfaktor $KOR(Anzahl \frac{Störche}{Babys}) = -1$ nimmt die Anzahl der Störche genau in demselben Verhältnis ab, wie die Anzahl der Babys zunimmt (umgekehrt proportional).

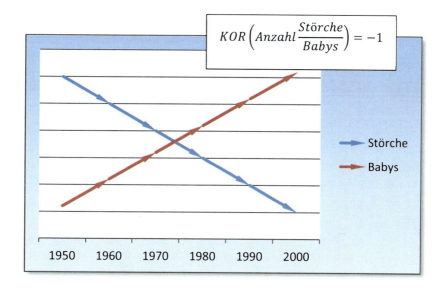

$$KOR\left(Anzahl\,\frac{St\ddot{o}rche}{Babys}\right) = -1$$

Störche

Babys

ABBILDUNG 67: NEGATIVE KORRELATION

Bei dem Vergleich der beiden Statistiken beträgt der Korrelationskoeffizient $KOR(Anzahl\,\frac{St\ddot{o}rche}{Babys}) = +1$. An dieser Aussage ist nicht zu rütteln. ABER: Wer jetzt den Schluss daraus zieht, dass aus diesem Grund bewiesen ist, dass der Storch die Babys bringt, denn schließlich werden beide in Deutschland weniger, der irrt gewaltig. Wer Korrelationen, also der reine statistische Vergleich zweier Erhebungen, dazu nutzt, Ursache-Wirkungs-Begründungen zu konstruieren, begibt sich auf Kasinodiskussionsniveau. Jede statistisch angefertigte Korrelation muss inhaltlich genauestens geprüft werden, bevor man einen Begründungszusammenhang aus dem Zahlenzusammenhang formulieren kann. Der professionelle Pferdewirt zeichnet sich dadurch aus, das er nicht leichtfertig offensichtliche Korrelationen (Bei Fön bekommen Pferde Kolik, Pferde mit viel Weiß im Auge sind schwierig, usw.) ungeprüft sich zu eigen macht. Tierzuchtwissenschaftler verwenden aus diesen Gründen immer nur geprüfte und stimmige Datenreihen, um Korrelationsberechnungen anzustellen.

In genetische Studien ist es notwendig zu wissen, dass zwei Ursachen für eine Korrelation zwischen Merkmalen verantwortlich sind. Die genetische Ursache einer Korrelation ist hauptsächlich auf die Eigenschaft von Genen zurückzuführen, mehrere Merkmale gleichzeitig zu beeinflussen, daneben kann in seltenen Fällen auch die Kopplung von Genen diesen Effekt hervorrufen. Die zweite Ursache einer Korrelation ist umweltbedingt. Die direkt beobachtbare Beziehung zwischen zwei Merkmalen ist die Korrelation zwischen ihren Phänotypwerten, die phänotypische Korrelation. In der Tierzüchtung kommen häufig Korrelationen vor. Allgemein bekannt in der Landwirtschaft sind Gene, welche die Zuwachsrate steigern, gleichzeitig die Größe und die Masse, wodurch sie eine Korrelation zwischen diesen Merkmalen verursachen. Auch im Bereich der Pferdezucht existiert eine Fülle an Korrelationen, positiver wie negativer Art, z.B. in der Exterieurlehre. Bekannt ist auch die negative Korrelation zwischen Spring- und Dressurvererbung, was beispielsweise dazu führte, dass die großen, traditionellen Warmblutzuchtverbände wie Hannover oder Oldenburg inzwischen eigene Springpferdezuchtprogramme angelegt haben oder, wie Holstein, sich auf das Merkmal Springleistung konzentriert haben. Im Bereich der Vollblutzucht fand eine Studie heraus, dass zwischen Widerristhöhe (Größe) und GAG (Rennleistung) eine negative Korrelation $KOR \left(\frac{Größe}{Rennleistung} \right) = -0,61$ besteht.

Die Kenntnis derartiger Korrelationen ist für den praktischen Pferdezüchter von überragender Bedeutung. Bei vorliegender, negativer Korrelation ($KOR \left(\frac{x}{y} \right) = -1$), hat sich der Züchter auf eines der beiden Merkmale zu konzentrieren und in Kauf zu nehmen, dass es zu Verschlechterungen im anderen Merkmal kommt. Da den größtmöglichen

Zuchtfortschritt derjenige Pferdezüchter erzielt, der auf möglichst wenige Merkmale selektiert, kann im Falle einer positiven Korrelation ($KOR\left(\frac{x}{y}\right) = maximal + 1$) auf ein Merkmal in dem Bewusstsein gezüchtet werden, dass das andere Merkmal ebenfalls eine züchterischen Verbesserung erfahren wird.

EXTERIEUR ALS SELEKTIONSMERKMAL

In der Antike galten Körper mit bestimmten Proportionen als Idealgestalten. Darauf aufbauend hat sich bis heute ein Wissenschaftszweig erhalten, die Exterieurlehre, welche angewandt auf unsere landwirtschaftlichen Nutztiere, beim Studium der Agrarwissenschaften oder Veterinärmedizin sowie bei der Ausbildung von Pferdewirten von großer Bedeutung ist. In besonderem Maße galt und gilt die Exterieurlehre noch immer in der Pferdezucht. Unterschieden werden müssten zwei Zielrichtungen der Exterieurbeurteilung:

Funktionelle Exterieurbeurteilung. Hier steht das Erscheinungsbild (Phänotyp) für ein ganz bestimmtes Pferd, für eine ganz bestimmte Nutzung im Vordergrund, wenn ein Reiter, Fahrer, Jockey, Trainer, Reitlehrer oder Pferdekäufer ein Pferd für einen bestimmten Gebrauchszweck aussucht. Bei der funktionellen Exterieurbeurteilung geht es z. B. um die Beantwortung von Fragen zur Nutzung des Pferdes: Lässt das Pferd gut sitzen? Lässt sich dieses Pferd leicht versammeln? Hat dieses Pferd lange Knochen zum Ansatz vieler Muskeln? Ist dieses Pferd so gewinkelt, dass ein großer Raumgriff möglich ist? Ist dieses Pferd steil oder weich gefesselt? Ist dieses Pferd ein Gewichtsträger? Unbestritten für jeden Pferdemann/frau ist, dass eine zielgerichtete, funktionelle Exterieurbeurteilung viele Fragen rund um den Gebrauchszweck eines individuellen Pferdes mit ziemlicher Genauigkeit beantworten kann und deshalb lernen professionelle Pferdewirte mittels der funktionellen Exterieurbeurteilung Kunden zu beraten, geeignete Schulpferde auszusuchen oder Pferde einer bestimmten Disziplin und auch Reitweise zuzuordnen.

Züchterische Exterieurbeurteilung. Hier geht es darum, vom vorgestellten Erscheinungsbild (Phänotyp) Rückschlüsse auf die Vererbung (Genotyp) machen zu können, wobei bekanntlich verschiedene Points eine unterschiedliche Heritabilität (Vererbbarkeit) aufweisen.

Alle Untersuchungen aus neuerer Zeit haben jedoch nur mäßige Korrelationen zwischen dem Exterieur und der Leistung von Pferden gefunden. Die größte Bedeutung hat die angewandte Exterieurlehre heute bei der Auswahl von Dressurpferden. Es ist einsichtig, dass nur harmonische Pferde in der Lage sind, die schwierigen Lektionen einer S-Prüfung völlig korrekt auszuführen. Bereits bei der Auswahl von Springpferden ist allein aufgrund des Exterieurs keinen Rückschluss auf das Vermögen zu springen möglich, es gibt sogar einige negative Korrelationen zwischen Exterieur und Springleistung. Vollends unmöglich ist es, Rennpferde mittels der Exterieurbeurteilung zu erkennen. Die Musterung eines Rennpferdes kann zwar ergeben, das z.B. durch eine Fehlstellung bedingt, das betreffende Tier mit dem Risiko eines frühen Verschleißes oder eines kapitalen Sehnenschadens behaftet ist, doch selbst hier sind wohl allen praktischen Züchtern genügend Gegenbeispiele bekannt. „They are winning in all shapes" (Sie gewinnen in allen Formen und Größen) ist ein zutreffender englischer Ausspruch.

Derzeit bei Tierzuchtverantwortlichen in der Diskussion ist die Hengstkörung:

Eine wesentliche Rolle bei der Selektion geeigneter Zuchthengste spielt in Deutschland die Körung. Dabei handelt es sich bei den meisten Rassen im Wesentlichen um eine züchterische Exterieurbeurteilung: Die zweieinhalbjährigen, ungerittenen Junghengste bekommen aufgrund ihres

Exterieurs und ihrer Qualität im Freispringen bereits die Erlaubnis zum Zuchteinsatz. Eine Selektion unter dem Reiter hat noch nicht stattgefunden. Dennoch nutzen immer mehr Züchter derzeit diese nach Exterieur und Freispringen selektierten Junghengste. So nutzen nur ein Drittel aller Züchter des Oldenburger Zuchtverbandes Hengste, die bereits Nachkommen unter dem Sattel vorweisen können. Das ist aus tierzüchterischer Sicht problematisch: Die Exterieurbeurteilung und das Freispringen korrelieren nur zu 0.4 mit dem späteren Erfolg unter dem Sattel. Einfach ausgedrückt: Die Körung kann nur zu 16% voraussagen, ob ein Hengst später selber im Sport erfolgreich sein wird. Demzufolge muss ein Pferdezüchter wissen, dass er ein relativ hohes Risiko in Kauf nimmt, wenn er Hengste für seine Stuten auswählt, die weder in ihrer Eigenleistung noch in ihrer Nachkommenleistung unter dem Sattel beurteilt wurden. Unter diesem Gesichtspunkt ist es überlegenswert, das Augenmerk wieder mehr auf ältere, nachkommengeprüfte Hengste zu lenken. Auch Zuchtverbände kritisieren zu Recht den „Run" der Züchter zu den Junghengsten, weil sie den Zuchtfortschritt durch eine unscharfe Selektion in Gefahr sehen. Ausschlaggebend für eine leistungsbetonte Zucht ist nicht das Körergebnis (= Exterieurbeurteilung) sondern eine durchdachte Eigenleistungsprüfung oder besser noch – da weitaus sicherer in der Aussage – nachkommengeprüfte Hengste. Zuchtleiter der großen deutschen Warmblutzuchtverbände haben deshalb in letzter Zeit mit Recht angemerkt, solch leistungs- bzw. nachkommengeprüfte Hengste gerade auch in wirtschaftlich schwierigen Zeiten züchterisch wieder stärker zu berücksichtigen.

Ein wenig Mathematik:

Die Korrelation zwischen zwei Merkmalen kann Werte zwischen -1 und $+1$ betragen. Die Korrelation wird in der genetisch- statistischen Anwendung durch $KOR\left(\frac{x}{y}\right)$ bezeichnet. Wobei x das eine und y das andere Merkmal ist. Wird z. B. zwischen Typ und Korrektheit der Gliedmaßen eine

Korrelation von 0,5 errechnet, dann ergibt das folgende Formel für das Bestimmtheitsmass B:

$$B = [KOR(\frac{Typ}{Korrektheit\ Gliedma\ss en})]^2$$

$$B = 0.5^2$$

$$B = 0,25$$

Das bedeutet, dass bei der Steigerung von 1 Standardabweichung vom Merkmal „Typ" (z. B. Zuchtwertsteigerung von 100 auf 120) es gleichzeitig nur zu einer Steigerung von 25% Standardabweichung im Merkmals „Korrektheit der Gliedmaßen" (Zuchtwertsteigerung von 100 auf 105) kommt. Dabei darf nicht vergessen werden, dass z. B. bei der Hengstkörung es sich um eine rein phänotypische Betrachtung und Beurteilung handelt.

ABBILDUNG 68: KÖRUNG DURCH DEN ZUCHTVERBAND - EINE PHÄNOTYPISCHE BEURTEILUNG, EINDEUTIGE RÜCKSCHLÜSSE AUF DIE NACHKOMMENLEISTUNG SIND NICHT ZU ERWARTEN

Eine weitere Betrachtung zur Exterieurbeurteilung des Pferdes:

Eine Besonderheit bei Rennpferden führten in der Vergangenheit verschiedene englische Autoren auf: Die Anzahl der Rippen und die Anzahl der Lendenwirbel. Ein Pferd verfügt normalerweise über 18 Rippenpaare. Die über das Brustbein fest verbundenen erstens acht Rippenpaare nennt man „wahre Rippen", die zehn freien Rippenpaare ohne feste Verbindung „falsche Rippen". Zusätzlich verfügt ein Pferd normalerweise über sechs Lendenwirbel. Tatsache ist, dass Variationen der Anzahl der Rippenpaare und Lendenwirbel bei allen Pferderassen beobachtet werden können. Man nimmt an, dass fünf Lendenwirbel über das arabische Vollblutpferd in die Rasse verbracht wurden. Für die Rippenpaare stimmt dies jedoch nicht. Vollblutaraber haben in der überwiegenden Mehrzahl 18 Rippenpaare, allerdings tatsächlich häufig nur fünf Lendenwirbel. Hier zu unterstellen, dass diese anatomischen Besonderheit über den Vollblutaraber einfloss ist korrekt (allerdings haben auch weiterer orientalischen Pferderassen und auch das Przewalskipferd überwiegend nur fünf Lendenwirbel). Die bei den arabischen Pferden damit verbundene horizontale Kruppe ist derweil heute nicht mehr zu beobachten, da die Selektion auf Rennleistung dieses, nur für Langstreckler geeignete Merkmal, eliminierte. Mit zunehmender Generationsfolge und damit Abstand von den Begründern der Vollblutrasse, den Arabern, Berbern und Orientalen, ist folglich der Anteil an Pferden mit abweichender Rippenzahl oder Lendenwirbelzahl gesunken und hat heute keine praktischen Auswirkungen. In diesem Zusammenhang ist auch die Kopfausprägung beim Englischen Vollblut zu sehen: Noch immer mendeln sich in der Kopfform sowohl der edle und konkav zulaufende Hechtkopf des Araberpferdes als auch der gerade und mit Berbernase versehende Kopf des Berberpferdes heraus, praktische Auswirkungen auf das Rennvermögen hat auch diese Ausformung indes nicht. Mehr Wichtigkeit, und bis heute kontrovers diskutiert, misst man der Größe von Vollblutpferden zu. Tatsache ist, dass Vollblutpferde, nicht zuletzt wegen ihrer orientalischen Vorfahren, zunächst deutlich kleiner als ihre heutigen Ahnen waren.

Araber, Berber, Turkmene	Englischer Vollblüter 1700	Englischer Vollblüter 1800	Englischer Vollblüter 1900	Englischer Vollblüter 2000
<150 cm	152 cm	158 cm	163 cm	164 cm Stute 160 cm

Die Durchschnittsgröße der drei Stempelhengste MATCHEM (1748), HEROD (1758) und ECLIPSE (1764) betrug nur 157,5 cm und war zur damaligen Zeit bedeutend größer als das gleiche Maß für den Durchschnitt der Population. HEROD mit einem Stockmaß von 160 cm wurde zu seiner Zeit als ausgesprochen großes Pferd beschrieben. Den Gegnern kleinerer Pferde sind bis heute eindrucksvolle Gegenbeispiele zu nennen: RIBOT (1952) 160 cm, HYPERION (1930) 157 cm, FESTA (1893) 155 cm. Über die Größe des wohl bedeutendsten Hengstes der letzten Jahrzehnte, NORTHERN DANCER, sind sich alle Hippologen einig, dass er sei klein war und eher Doppelponygröße erreichte. Inzwischen, bei Selektion auf das Merkmal Rennleistung, scheint eine Art konstantes Optimum erreicht worden zu sein. Es wurde das durchschnittliche Stockmaß der Englischen Vollblüter in Deutschland erfasst und statistisch ausgewertet: 164 cm ± 3 cm, das durchschnittliche Stockmaß der Stuten betrug nur 160 ± 3 cm.

Der Wunsch vieler Züchter nach größeren Pferden ist wahrscheinlich der Tatsache zuzuschreiben, dass groß gewachsenen Nachkommen auf Jährlingsauktionen bessere Preise erbringen, wobei im Einsatz auf der Rennbahn ein zu großes Stockmaß eher kritisch zu sehen ist. Jeder Praktiker weiß um das steigende Verletzungsrisiko großer Pferde. Grundsätzlich ist ein Züchter gut beraten, sich im Zweifelsfall an das Durchschnittsstockmaß der von ihm gehaltenen Rasse zu halten.

Viel wichtiger wäre es, wenn sich Pferdezüchter statt auf die Produktion großer Pferde mehr auf Pferde konzentrieren würden, die Rasse- und Geschlechtstyp deutlich erkennen lassen. (hohe Heritabilität, ggf. bessere Fruchtbarkeit bei deutlichem Geschlechtstyp, s. Tabelle im Abschnitt Heritabilität)

EINSATZ VON VOLLBLUTPFERDEN IN DER WARMBLUTZUCHT

Die ersten Pferderennen in Deutschland fanden in Mecklenburg-Vorpommern, dem Sommersitz des deutschen Adels, statt. Die High Society der damaligen Zeit eiferte dem Mutterland der Vollblutzucht und -rennen, England, nach. Folglich verwundert es kaum, dass das preussische Land- und Hauptgestüt Neustadt/Dosse, zwischen der Hauptstadt Berlin und Mecklenburg- Vorpommern gelegen, Vollbluthengste zur Veredlung der Warmblutzucht einsetzte. Sehr rasch hat sich das Vollblutpferd zum herausragenden Veredler für die Warmblutzucht entpuppt und diese Sonderstellung als Veredlerrasse bis heute unangefochten behauptet. In fast allen Land- und Hauptgestüten liest man in den Stalltafeln die eingekreuzten Vollblüter, traditionell rot im Pedigree geschrieben.

Die Motorisierung in Landwirtschaft und Transportgewerbe und natürlich auch beim Militär machte ein muskulöses, arbeitendes Warmblutpferd (alter Oldenburger, alter Hannoveraner, wie FLUßGOLD, FORSTMANN, FLINTMANN) entbehrlich.

ABBILDUNG 69: HANNOVERANER RAPPSTUTE 1927

ABBILDUNG 70: HOLSTEINER STUTE 1928

Einige wenige Hippologen sahen direkt nach Beendigung des II. Weltkrieges voraus, dass Pferde in Zukunft nur noch eine Überlebenschance im Sport und in der Freizeit haben würden. Im Hannoverschen wurde seinerzeit die Chance genutzt, Vollblüter, welche von britischen Truppen gerettet worden waren und 1948 zurückgegeben wurden, im Landgestüt Celle auf breiter Basis in schwieriger Umzüchtungsphase auf das moderne Sportpferd einsetzen zu können. Eine Rückgabe an ihre ursprünglichen Besitzer war zu diesem Zeitpunkt nämlich nicht möglich: In Konzentrationslagern grausam getötet oder wenigstens ins Ausland geflohen waren bedeutende Rennstallbesitzer und Züchter jüdischen Ursprungs damals und so unmittelbar nach Kriegsende nicht aufzufinden. Deshalb konnte der damalige Celler Landstallmeister Dr. Georg Steinkopf und der Hippologe Dr. Rudolf Lessing anfangs bedeutende Hengste der Vollblutzucht, anfangs auch gegen den Widerstand der Züchter, nutzen. Erinnert sei an:

PIK As, MARCIO, DER LÖWE, ADLERSCHILD, FERRO, NECKAR, OLEANDER, BIRKHAHN, VELTEN, VALENTINO auf ihren Deckstationen auf. Damit begann zunächst um 1950 ganz langsam die Umzüchtung vom Arbeitspferd zum heutigen, modernen Sportpferd. Weitere berühmte Vollblutstempelhengste wurden auch in anderen Warmblutzuchten erfolgreich eingesetzt: ADONIS, FURIOSO, ANGELO, LADYKILLER, Anglo- Araber RAMZES, PLUCHINO, LANDSER, LUCIUS, SINUS, SUDAN, SCHIWAGO, NICOLLINI, PAPAYER, Anglo- Araber INSCHALLAH, MARLON und VOLLKORN.

ABBILDUNG 71: ADLERSCHILD XX

ABBILDUNG 72: HENGSTKARTEI ADLERSCHILD XX DES LANDGESTÜTES CELLE

Heute wird der Einsatz von Vollbluthengsten in der Warmblutzucht sehr
kontrovers geführt und es lohnt sich an dieser Stelle, den Einsatz von
Vollblutpferden zu diskutieren. Unstrittig ist aus Sicht der
Warmblutzuchtverbände der Vollbluteinsatz, zeigen doch die meisten
Pedigrees berühmter Spring- und Dressurpferde, besonders auch
Vielseitigkeitspferde, einen relativ hohen Vollblutanteil auf. Neben der
Leistungsbereitschaft verlangt der Markt heute aber noch einiges mehr.
Das moderne Sportpferd hat heute genügend Adel, verfügt über eine
erstklassige Bewegung in allen Grundgangarten und wird derzeit möglichst
dunkel gewünscht, dem modernen Menschen angepasst möglich mit
einem Stockmaß um 170 Zentimeter. Wer demnach für den Einsatz eines
Vollbluthengstes in der Warmblutzucht plädiert, erfüllt von vornherein
nicht mehr die Wünsche des Reitpferdemarktes. Nur etwa 0,5 Prozent des
aktiven Vollblutzuchtpferdebestandes in Deutschland trägt die begehrte
Rappfarbe, auch nur etwa 5 Prozent dieser Tiere sind schwarzbraun. Hinzu
kommt, dass ein typisches Vollblutpferd als Hengst auch nur über ein
Stockmaß von 164 cm, als Stute von 160 cm verfügt. Es sollte den
Zuchtverantwortlichen damit klar sein, dass sie bei der Suche eines großen
Vollblutrapphengstes so ungefähr das Untypischste suchen, was die
Vollblutzucht zu bieten hat. Nun könnte man aus Sicht der Vollblutzüchter
sich mit diesem außergewöhnlichen Wunsch durchaus beschäftigen, wenn
dieser Nachfrage nicht handfeste genetische Gründe entgegenstehen
würden. Da in der Vollblutzucht weder auf Farbe noch Größe selektiert
wird, handelt es sich bei dem gewünschten großen, dunklen Hengst immer
um ein Zufallsprodukt und nach den Regeln der Vererbungslehre werden
sich die Erwartungen der Warmblutzüchter kaum erfüllen. Ein weiteres
Argument ist, dass die Erhabenheit der Gänge in der Warmblutpferdezucht
beim Vollblüter keineswegs gewünscht wird, da derartige Pferde an
Schnelligkeit einbüßen. Die modernen Sportpferdepopulationen verfügen
bereits jetzt über genügend Adel, sodass auch von dieser Seite durch den
Einsatz von Vollblut keine Verbesserung mehr erwartet werden kann, was

zweifellos bei der Umzüchtung vom Arbeits- zum Sportpferd nötig war. Züchterischen Einfluss in der Warmblutzucht nimmt der Vollblüter heute meist nur noch durch seine genotypischen Merkmale Härte und Leistungsbereitschaft. Beide Merkmale werden aber beim Vormustern z.B. bei Stutbuchaufnahmen oder Körungen leider nicht erkannt.

In der Regel ist Pferdezucht nicht rentabel. Bei dem Einsatz von Vollbluthengsten in der Warmblutzucht ist – gerade auch unter wirtschaftlich schwierigen Aspekten – ein negativer Effekt besonders herauszuheben: Die Kreuzungsprodukte aus Vollbluthengst und Warmblutstute fallen durchgängig durch ein verzögertes Jugendwachstum auf. Derartige F1- Nachkommen entwickeln sich nicht nur später als ihre Vollblutverwandtschaft sondern auch später als Produkte aus reinen Warmblutpaarungen. Ist der Vollblüter unter Umstehenden zweijährig auf der Rennbahn einsetzbar und der dreijährige Warmblüter verkaufsbereit, dauert es meist noch ein Jahr länger, bis das blutgeprägte Pferd präsentabel ist. Da diese verzögerte Entwicklung im Preis nicht durchsetzbar ist, verzichten in den vergangenen Jahren immer mehr Warmblutzüchter auf Veredelungskreuzungen.

Die Warmblutzucht kann auch heute noch nicht auf die Veredlung durch Vollblüter in ihren Populationen verzichten, geben diese doch konstant Härte, Gesundheit, Leistungsbereitschaft und Lernfähigkeit weiter. Die Rennleistung, ausgedrückt im GAG (**G**eneral**A**usgleich**G**ewicht), ist als einziges Selektionsmerkmal in einer derart konsequent durchgeführten Zucht wie der der Rennpferde folgerichtig. Der Einsatz von Vollbluthengsten in der Warmblutzucht ist aber nur zum Teil von der Rennleistung abhängig, andere Kriterien (Charakter, Temperament, Exterieur, usw.) sind in derartigen Fällen von größter Bedeutung. Deshalb ist es folgerichtig, wenn vor kurzem die Anforderungen an die Hengste der Zuchtrichtung Rennpferd für die Zuchtrichtung Sportpferd reduziert wurden: GAG von mindestens 70 kg in Flachrennen und 75 kg in

Hindernisrennen oder ein Mindest- GAG von 65 kg in Flachrennen oder 70 kg in Hindernisrennen bei mindestens 20 Starts in drei Rennsaisons. Vollblutzüchter und Rennställe werden eher nicht geneigt sein, vielversprechende junge Vollblutpferde aus dem Training zu nehmen um sie einer Hengstleistungsprüfung zu unterziehen, doch aus Sicht der Warmblutzucht würde über diesen Weg oder alternativ entsprechende Turniererfolge (und Veranlagungstest) der Zuchtplanung mehr Sicherheit gegeben werden.

Eine sinnvolle Alternative zum Vollbluthengst in der Warmblutzucht sehen Fachleute in der Möglichkeit, stattdessen Vollblutstuten in der Reitpferdezucht einzusetzen. Ein bedeutender Vorteil ist schon darin zu sehen, dass die Selektionsbasis nicht ein einzelner Hengst ist, sondern eine komplette Stutenfamilie als Basis eines Zuchtprogrammes dienen kann. Beispielsweise können verschiedene Vollblutstutenfamilien auf Grund von Rahmen, Gang, Größe und Farbe ausgewählt werden, wobei dann Stuten ohne überdurchschnittliche Rennleistung speziell dieser Familie in die Warmblutzucht wechseln würden. Die Sicherheit, dass eine solche Stute die gewünschten Rittigkeitsmerkmale vererben würde, wäre bei einer nach Warmblutkriterien ausgesuchten Stutenbasis deutlich höher. Zusätzlich würden maternale Effekte (Uterusgröße) für eine Steigerung des Zuchterfolges sorgen können. In der Praxis führt dieser Weg tatsächlich zu greifbaren Erfolgen und wird versuchsweise momentan im Gestüt Graditz (Torgau) praktiziert. Die genetische Verengung der Stutenbasis in der Warmblutzucht könnte durch diese Maßnahme eine neue Variabilität erfahren, was immer mehr Zuchtleiter auch schon jetzt erkennen. In früheren Zeiten bestand die Aufgabe von Hauptgestüten (Stutenhaltung) darin, neben der Bereitstellung von geeigneten Landbeschälern auch die jeweilige Umstrukturierung der Zucht zu forcieren. Der Grundgedanke war der, dem einzelnen Züchter Risiken der Paarung abzunehmen und natürlich auch das Interesse des Militärs, die Zucht von geeigneten Armeepferden beeinflussen zu können. Heute wäre es empfehlenswert, wenn die staatlichen Hauptgestüte eine Vollblutstutenherde halten würden, natürlich ausgesucht unter Warmblutzucht- Gesichtspunkten und damit blutgeprägte Warmbluthengste (50%) produzierten, die dann als Landbeschäler angepaart mit leistungsfähigen Warmblutstuten die gewünschten und begehrten Nachkommen mit 25 Prozent Vollblutanteil ergeben, welche der Markt heutzutage nachfragt. Dieser Gedanke ist nicht neu, bereits die preußische Gestütsverwaltung praktizierte diese Strategie, welche die staatliche französische Gestütsverwaltung auch heute noch verfogt.

ZUCHTFORTSCHRITT UND GENERATIONSINTERVALL

Als Erfolgsmaßstab züchterischer Bemühungen kann der Zuchtfortschritt angesehen werden. Er weist die genotypische und phänotypische Überlegenheit der Tochtergeneration über die Elterngeneration auf, wobei natürlich nur die genotypische Verbesserung züchterischen Maßnahmen anzurechnen ist. Um überhaupt einen züchterischen Fortschritt zu erzielen, muss man zielgerichtet die richtigen Selektionsmerkmale im Züchtungsprozess auswählen:

- Genügend große additive Varianz des bewussten Merkmals
- Genügend genaue und objektive Erfassbarkeit des bewussten Merkmals
- Genügend große ökonomische Relevanz

Den praktischen Züchter interessiert in diesem Zusammenhang nicht der züchterische Fortschritt in erster Linie, sondern unter den ökonomischen Zwängen heutzutage der züchterische Erfolg pro Zeiteinheit, den Genetiker aber der züchterischer Erfolg pro Generation. Um eine Steigerung des Zuchtfortschrittes in einer bestimmten Zeiteinheit zu erhalten, sind folgende Punkte maßgeblichen:

- Selektionsintensität (Maß für die Schärfe der Selektion, u.a. abhängig vom Prozentsatz der zur Nachzucht verwendeten Zuchttiere, also der Remontierungsrate)
- Genauigkeit der Zuchtwertschätzung
- Standardabweichung σ
- Mittleres Generationsintervall

Eine züchterische Gesetzmäßigkeit ist, dass sich im Laufe der Zuchtabfolge immer weniger Fortschritte erkennen lässt. Der Grund dafür ist, dass die selektierte Population nach einiger Zeit einen stetig ansteigenden Homozygotiegrad hat, demnach die additive Varianz zurückgeht und es folglich zu verminderten Leistungssteigerungen kommt.

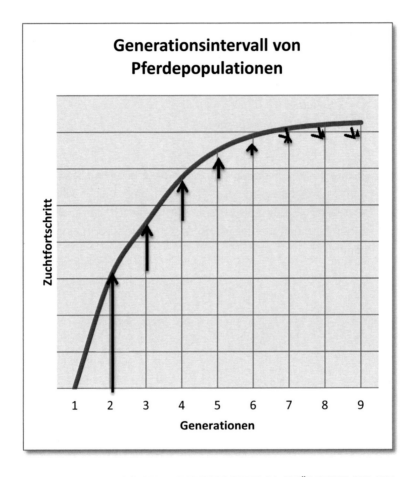

ABBILDUNG 73: ENTWICKLUNG DES ZUCHTFORTSCHRITTES IN ABHÄNGIGKEIT DER ZEIT (GENERATIONSINTERVALL)

ABBILDUNG 74: ZUCHTFORTSCHRITT DER DEUTSCHEN WARMBLUTZUCHT IN ABHÄNGIGKEIT DER ZEIT (1980 - 2000)

Der Zuchtfortschritt ist auch vom Generationsintervall abhängig. Darunter versteht man das Intervall zwischen zwei aufeinander folgenden Generationen, also das mittlere Alter der Eltern bei der Geburt der zur Weiterzucht verwendeten Tiere der Filialgeneration.

Jahre	Vater-Sohn	Vater-Tochter	Mutter-Sohn	Mutter-Tochter
1970-1974	12,36	10,88	8,37	8,59
1975-1979	11,77	10,85	8,52	8,75
1980-1984	9,93	10,58	8,53	8,94
1985-1989	11,17	10,94	8,43	9,14
1990-1994	10,74	10,68	8,33	9,52
1995-1199	9,19	9,97	8,24	9,72
2000-2004	9,89	9,39	8,54	9,71

Deutlich ist der Trend zur Nutzung von Warmblut- Junghengsten in den letzten Jahren durch den Pferdezüchter zu beobachten. Dieser Trend bedeutet, dass vermehrt nur eigenleistungsgeprüfte statt nachkommengeprüfte Hengste durch die Züchter genutzt werden.

ABBILDUNG 75: PROGNOSEGENAUIGKEIT EINER ZUCHTWERTSCHÄTZUNG

Die Nutzung junger, lediglich eigenleistungsgeprüfter Junghengste hat zur Folge, dass die Prognosegenauigkeit des Zuchtwertes deutlich geringer ist als bei der Nutzung älterer, nachkommengeprüfter Hengste.

Da es sich bei dem Generationenintervall um ein für Züchter wichtiges Merkmal handelt, welches der Züchter aktiv mitgestalten kann, muss ein Pferdewirt hier über Detailwissen verfügen.

Am Beispiel von Orsini xx (1954 – 1975) von TICINO a.d. ORANIEN fotografisch der Werdegang eines Vollbluthengstes über die Eigenleistung (Rennen) bis zur Nachkommenleistung beispielhaft dokumentiert:

ABBILDUNG 76: ORSINI XX ZWEIJÄHRIG

ABBILDUNG 77: ORSINI XX 3JÄHRIG

ABBILDUNG 78: ORSINI 4JÄHRIG

ABBILDUNG 79: ORSINI XX IM GESTÜT ERLENHOF ALS 10JÄHRIGER, EINSATZ ALS DECKHENGST,NACHKOMMEN: 50 ERFOLGREICHE RENNPFERDE ,GAG 105, GEWINNSUMME 535.600 DM, DERBYSIEG 1957 MIT DEM LEGENDÄREN LESTER PIGGOTT IM SATTEL, GALOPPER DES JAHRES 1958, VATER VON 4 DERBYSIEGERN: ILIX, ELVIRO, DON GIOVANNI, MARDUK

ABBILDUNG 80: ERSTES FOHLEN VON ORSINI XX 1962 (FOTOS ORSINI ARCHIV DR. BORMANN)

Obwohl Zuchtverbände ihre aktiven Züchter immer wieder auffordern, auch ihre Stuten konsequent und kritisch durch Eigen- und Nachkommenleistung zu selektieren, werden Vatertiere in der Tierzucht auch heute noch wesentlich schärfer selektiert als Muttertiere. Während sich Hengste beispielsweise einige Jahre auf der Rennbahn bewähren oder in der Warmblutzucht sich der Anerkennung (Körung) und der Hengstleistungsprüfung (HLP) unterziehen müssen, werden weibliche Tiere ggf. ohne vorherige Selektion in die Zucht genommen.

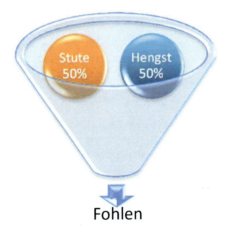

ABBILDUNG 81: GENETISCHER GRUNDSATZ: 50% VOM VATER, 50% VON DER MUTTER

Damit wird der Zuchtfortschritt unterschiedlich schnell bzw. intensiv weitergegeben. Der bereits von einem leistungsgeprüften Vater abstammende Junghengst hat sich zunächst einer Eigenleistungsprüfung unterzogen und wird über seine Nachkommen auch von Züchtern und Zuchtverbänden sorgsam im Auge behalten werden. Der Einfluss auf eine Population ist auf der Hengstseite damit ungleich stärker als auf der Seite der Stutenlinie, in welcher u.U. eine über mehrere Generationen ungeprüfte Stutenlinie stehen kann. Demnach ist der Einfluss der Hengst-

„Linie" fast dreimal so hoch wie bei der der Stuten. Es sei an dieser Stelle nochmals ausdrücklich darauf hingewiesen, dass der genetische Anteil von Hengst und Stute natürlich bei 50% liegt, nur führt sowohl die schärfere Selektion auf der Hengstseite und zusätzlich der höhere Anteil an Nachkommen zu einer stärkeren Beeinflussung der Rasse durch Hengste.

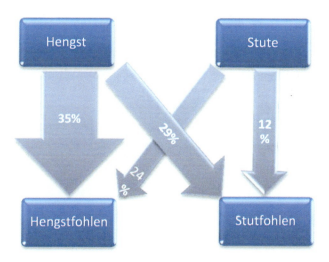

ABBILDUNG 82: TATSÄCHLICHER EINFLUSS VON VATER UND MUTTER BEI DERZEITIGER ZUCHTPRAXIS

ZUCHTMETHODEN

Gängige Zuchtverfahren in der Tier- und Pflanzenzucht werden unterschieden nach ihren Grundzielen:

- Erhöhung der Heterozygotie
- Erhöhung der Homozygotie

Genetischer Fortschritt ist nur erzielbar, wenn innerhalb der zu züchtenden Individuengruppe genetisch überhaupt eine Variabilität besteht. Ist beispielsweise in einer homozygoten Zuchtgruppe kein genetischer Unterschied feststellbar, kann es wegen mangelnder Variabilität nicht mehr zu einem Zuchtfortschritt durch Selektion kommen, die Filialgeneration wird folglich in diesem Merkmal die gleiche Leistung wie die der Elterngeneration aufweisen. Um dieser züchterischen Sackgasse zu entgehen, würden in der praktischen Tierzucht dann Individuen anderer Populationen eingekreuzt, welche dem bestehenden Zuchtbestand möglichst viele neue Gene zuführen sollen und damit neue Kombinationsmöglichkeiten erlauben. Ein Beispiel aus neuerer Zeit ist der Holsteiner Verband. Weil seine Züchter sich sehr stark auf das sog. C- Blut (COR DE LA BRYÈRE) und nicht mehr auch auf das bewährte L- Blut (LADYKILLER xx) fokussieren, versucht die Zuchtleitung die genetische Variabilität durch die Hereinnahme geeigneter Fremdvererber (Zuchtversuche mit den Rassen Hannoveraner, Selle Francais, KWPN, Trakehner, Belgisches Warmblut, u.a.) zu vergrößern.

Zuchtverfahren, welche die Erlangung einer erhöhten Heterozygotie zum Ziel haben, spekulieren daher immer auf eine erhöhte genetische Variabilität, dabei bleiben genetische Überraschungen nicht aus. Eine erhöhte Homozygotie ist aus züchterischem Blickwinkel genauso reizvoll: verankern sie jedoch gewünschte Merkmalskomplexe phänotypischer und genotypischer Art mit hoher Sicherheit in einer Population.

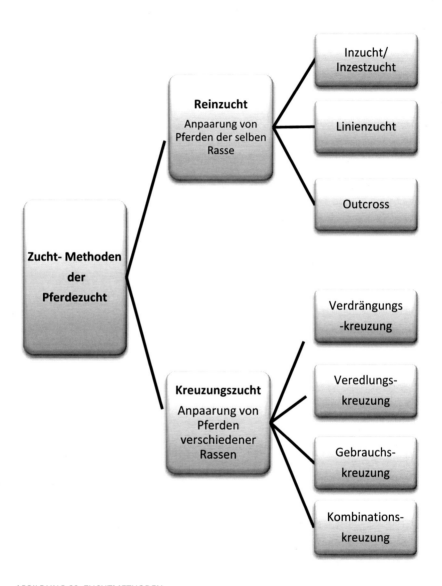

ABBILDUNG 83: ZUCHTMETHODEN

ARTKREUZUNG

Eine Art umfasst per Definition der Zoologie alle Individuen, die zusammen ein Genpool und eine Paarungsgemeinschaft bilden und von anderen Arten reproduktiv (bei der Vermehrung) isoliert sind. Um zwei Arten handelt es sich, wenn diese keine fruchtbaren Nachkommen zeugen können bzw. die Nachkommen nur begrenzt fruchtbar sind. Die fehlende Fruchtbarkeit bei der Artkreuzung kann verschiedene Gründe haben:

- Angehörige verschiedener Arten können oder wollen sich nicht paaren
- Eier der weiblichen Tiere können vom Samen der anderen Art nicht befruchtet werden.

Gelingt tatsächlich einmal eine Artkreuzung, so sind die sogenannten Bastarde zumeist steril oder haben eine stark herabgesetzte Fruchtbarkeit. Das bekannteste Artenkreuzungsprogramm gibt es bei den Equiden, nämlich bei der Erzeugung von Maultieren und Mauleseln. Die männlichen Bastarde dieser Artkreuzung sind durchgängig unfruchtbar, von weiblichen Tieren wurde vereinzelt berichtet, dass sie fruchtbar waren. Die Artkreuzung zur Erzeugung von Gebrauchstieren (Tragetiere) in Gebirgsgegenden hat bis heute noch wirtschaftliche Bedeutung. Auch die Bundeswehr hält in Zeiten der absoluten Motorisierung noch eine Tragtierkompanie in Bad Reichenhall, da die Tiere überall dort hinkommen, wo selbst Hubschrauber nicht mehr landen können.

Eine Sonderstellung stellt die Chimärenproduktion dar. Hier werden gametische Zellen verschiedener Arten im Labor biotechnologisch vereint. So stellte z. B. die Universität Göttingen der Öffentlichkeit vor einigen Jahren eine Chimäre in Form einer Kreuzung aus Schaf und Ziege vor, in Dubai kreierte man eine Chimäre aus Lama und Dromedar.

PANMIXIE

Panmixie liegt vor, wenn alle Tiere einer Population, männliche wie weibliche, sich untereinander paaren dürfen. Solche Zufallspaarungen sind typisch für die großen Wildtierpopulationen aber auch für uns Menschen.

Eine weite genetische Variabilität ist nötig, damit sich Wildtiere veränderten Umweltverhältnissen anpassen können, ansonsten sterben sie aus. Die Strategien, die sich die Natur hat einfallen lassen, damit tatsächlich viele männliche Tiere in einer Population zum Einsatz kommen, sind mannigfaltig und faszinierend. Die Strategien sorgen dafür, dass Inzucht vermieden wird und selbst Linienzucht wenig verbreitet ist. Eine Hauptaufgabe zoologischer Gärten besteht heute darin, die große Variabilität bei den betreuten Zootierarten zu erhalten, in einer Zeit, in welcher der freie Lebensraum der Wildbahn immer kleiner oder schon zu klein ist, um Arten überleben zu lassen. Beispielsweise würde einem Zoo der dauerhafte Haltungserfolg versagt bleiben, wenn er eine Pferdeherde halten würde und den Deckhengst alle Stuten decken ließe. Seine Töchter dürfte der Deckhengst schon nicht mehr deckten oder Inzuchtschäden wären rasch die Folge. Heute werden Zootierarten mit Großrechnern erfasst und einem ausgeklügelten Zuchtprogramm unterstellt. Begleitet wird das Zuchtprogramm vielfach von zahlreichen Wissenschaftlern großer Universitäten, so z.B. Bei der Auswilderung des Przewalskipferdes.

Auch andere vom Aussterben bedrohter Haustierrassen müssen mit sehr viel züchterischen Weitblick gepflegt werden um sie erbgesund der Nachwelt erhalten zu können. Sind aber lediglich nur noch wenige weibliche Tiere und vielleicht nur noch zwei, drei männliche Linien vorhanden, so ist die Gefahr der Inzuchtdepression bzw. Gendrift sehr hoch. Dabei versteht die Tierzuchtwissenschaft unter Gendrift die zufällig eintretende Veränderung der Allelhäufigkeit einer Population. Die Gefahr Jiegt dabei in einer prozentual sehr hohen Wahrscheinlichkeit, dass eine ungewünschte Genkombination sich in dieser schmalen Zuchtbasis ausbreitet und wegen mangelnder Genselektion einer Rasse großen

Schaden zufügen kann, schlimmstenfalls durch ein rezessiv vorhandenes Letalgen eine Rasse ausstirbt.

Um eine Zucht gefährdende Inzuchtentwicklung und den Variationsverlust durch genetische Drift möglichst gering zu halten, sind komplexe, wissenschaftlich begleitete Zuchtprogramme nötig. Das alleinige Einfrieren von Sperma und Embryonen, wie es derzeit von der Europäischen Union und anderen Organisationen in Island und Mariensee vorgenommen wird, ist auch kein kompletter Schutz vor dem Verlust von erhaltenswertem Genmaterial. Nur lebendige Tiere können sich von den von uns vielfach nicht ersichtlichen Umweltveränderungen stetig neu anpassen. Es ist vorstellbar, dass aufgetaut Embryonen oder Samen in zukünftigen Generationen unter veränderten Umweltverhältnissen (z.B. Klimawandel, Natur- und Technikkatastrophen) nicht mehr existieren könnten. Aus diesem Grund ist die Erhaltungszucht bedrohter Tierarten und deren sorgsame und kontrollierte Vermehrung heute ein unverzichtbares Ziel. Deshalb werden mit staatlicher Unterstützung auch sogenannte Nucleus-Herden gehalten. Das sind kleine Tierbestände, welche in Erhaltungszuchtprogrammen geführt werden und im Gegensatz zum „eingelagertem" Genmaterial die Möglichkeit haben, sich permanent den jeweils vorherrschenden Umweltverhältnissen anzupassen.

KREUZUNGSZUCHT

Die Kreuzungszucht dient allgemein zur Erstellung von Endprodukten und kann mehr oder weniger aufwändig gestaltet werden. Voraussetzung für eine Kreuzungszucht ist, dass verschiedene Ausgangsrassen vorhanden sein müssen, welche bestimmte Eigenschaften sicher in die Filialgeneration transferieren.

GEBRAUCHSKREUZUNG

Bei der Gebrauchskreuzung werden zwei Tiere unterschiedlicher Rasse verpaart, um im Nachkommen ein Gebrauchstier zu erzeugen, welches in der Regel nicht weiter zur Zucht verwendet wird. Der Irische Hunter ist ein typisches Beispiel für die Gebrauchskreuzung.

KOMBINATIONSKREUZUNG

Bei diesem Kreuzungsprogramm werden zwei, oder mehrere Ausgangsrassen zu einer neuen Rasse kombiniert. Da die Haltung mehrerer Ausgangsrassen zur Erstellung der gewünschten Endprodukte sehr zeitaufwändig und teuer ist, wird dieses Zuchtverfahren in der Pferdezucht sehr selten eingesetzt (Edelblutpony, Edelbluthaflinger/Arabohaflinger, Ägidienberger).

VEREDLUNGSKREUZUNG

Sie wird in der Pferdezucht relativ häufig verwandt. Es sind logischerweise Vatertiere, da diese mehr Nachkommen als Muttertiere erzeugen, die aus einer genetischen höher stehenden Zucht in die Ausgangsrasse eingekreuzt werden. Bekannte Beispiele in der Pferdezucht sind die Veredlerrassen Vollblutaraber, Englisches Vollblut, Anglo- Araber oder Trakehner in der Warmblutzucht, um Typ, Härte, Ausdauer, Athletik und Leistungsbereitschaft der bodenständigen Stutenstämme zu verbessern und die genetische Variabilität zu erhöhen.

Umzüchtungsprozess vom schweren Warmblüter (Wirtschaftspferd) zum modernen Reitpferd (Sportpferd):

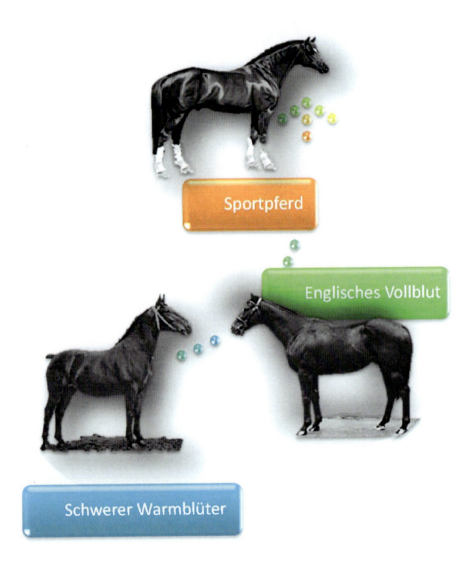

Sportpferd

Englisches Vollblut

Schwerer Warmblüter

VERDRÄNGUNGSKREUZUNG

Hier geht es darum, durch wiederholte Rückkreuzung mit dem gleichen Elterntyp einen Genotyp durch einen anderen zu ersetzen. Als Beispiel kann das Ostfriesische Warmblut dienen, das 1950 bis 1960 mit arabischem Vollblut veredelt wurde, um vom bäuerlichen Arbeitspferd zum Sportpferdetyp zu kommen. Die ostfriesischen Züchter merkten aber relativ rasch, dass ihre Pferde zu knapp im Rahmen wurden, um als modernes Sportpferd erfolgreich sein zu können. Das arabische Vollblut wurde züchterischen verdrängt und stattdessen hannoversches Blut eingesetzten. Inzwischen ist das ehemalige Zuchtgebiet Ostfriesland vollständig in der Hannoveranerzucht aufgegangen und nur manchmal wundert es einen Pferdewirt beim Betrachten der züchterischen Landkarte noch, warum mitten in Oldenburg eine hannoversche Enklave liegt.

REINZUCHT

Unter Reinzucht versteht man die Paarung von Tieren dergleichen Population (Rasse), wobei innerhalb jeder Generation die im Hinblick auf das Zuchtziel am besten geeigneten männlichen und weiblichen Tiere selektiert und zum Zweck der Erzeugung der nächsten Generation gekreuzt werden. Die traditionelle Reinzucht hat die Bildung von Rassen begründet. Zur Wahrung des Reinzuchtprinzipes nutzen diese Verbände Zuchtbücher (Stutbuch und Hengstbuch). Das Prinzip der Reinzucht ist eine relativ sichere Zuchtmethode, da bei zunehmender Homozygotie nach aufeinander folgenden Generationen gewünschte Merkmale relativ sicher in der Population verankert sind. Kritisch dagegen kann es für das Überleben einer Rasse sein, wenn sich das Zuchtziel ändert und eine hohe Reinerbigkeit keinerlei Variabilität mehr zulässt, um durch Selektionen aus der Rasse heraus das neue Zuchtziel anzustreben. Deshalb gibt es innerhalb der Reinzucht den sog. Outcross, das ist die Verpaarung weiter entfernter Individuen, als im Populationsdurchschnitt, um die genetische Variation zu erhalten. Auch bei unseren deutschen

Warmblutzuchtverbänden wird angestrebt, dass Zuchtziel durch Reinzucht zu erreichen, doch ist es zum Erhalt der genetischen Variabilität in den meisten Verbänden möglich und auch gewollt, so genannte Veredlerrassen einzukreuzen. Streng genommen sind nur die Vollblutrassen, Trakehner und ggf. Traber Veredlerrassen, der teils von Zuchtverbänden des Deutschen Reitpferdes zugelassene Einsatz von z.B. Selle Français und KWPN ist eigentlich eine Einkreuzung und keine Methode der Reinzucht mehr.

Die Probleme, eine sehr kleine Pferdepopulation aus historischen und aus genetischen Gründen, schließlich ist die Sennerzucht mit keiner deutschen Pferderasse verwandt und deshalb genetisch besonders interessant, zu erhalten, zeigt das Beispiel der Rasse Senner, deren Ursprung bis in das Jahr 1160 zurück datiert werden kann. Somit ist es die älteste Pferderasse in Deutschland. Ihren Namen hat die Rasse durch ihre Heimat, der Senne in Ostwestfalen. In dieser Heidelandschaft lebten die Pferde früher nahezu wild. Im Jahre 1944 betrug der Pferdebestand nur noch 9 Tiere. Diese wenigen Tiere alleine garantierten nicht den Bestand der Rasse Senner. Um überhaupt wieder genetische Variabilität in der Senner- Zucht zu bekommen, mussten Veredlerhengste eingesetzt werden, deren Einfluss allerdings nicht den Sennertyp verändern durfte. Die Zuchtleitung um Karl-Ludwig Lackner entschloss sich deshalb hauptsächlich zur Hereinnahme von leistungsgeprüften, französischen Anglo- Arabern. Das Ursprungszuchtbuch wird heute vom Zuchtverband für Senner Pferde e.V. betreut. Ziel ist, diese edle Pferderasse des ehemals Fürstlich Lippischen Sennergestütes Lopshorn als Kulturgut zu bewahren, sowie deren Förderung und Verbesserung in sportlicher und züchterischer Hinsicht zu unterstützen. Zuchtziel ist ein mittelgroßes, edles, genügsames und hartes Reitpferd mit raumgreifenden und korrekten Bewegungen, das für den Leistungssport, und hier besonders für die Vielseitigkeit geeignet ist. Zur Erreichung dieses Zieles soll besonderer Wert auf eine gesundheits- und leistungsfördernde Aufzucht gelegt werden.

ABBILDUNG 84: HISTORISCHE AUFNAHMEN AUS DER SENNERZUCHT

Aber auch gänzlich geschlossene Populationen sind in der Pferdezucht bekannt. Beispielsweise züchten viele Primitiv- Ponyrassen in geschlossenen Populationen, etwa Isländer, Shetlandponies, Dales. Reinzucht, verbunden mit strenger Selektion, findet ihre Krönung jedoch bei den beiden Vollblutrassen des arabischen und englischen Pferdes. In kleinen Reinzuchtpopulationen kann die genetische Drift zu einem ernsten Problem werden: Gemäß der Mendelschen Regeln erfolgt die Weitergabe der Allele eines Locus in den Gameten zufällig. Bei zahlreichen

Nachkommen wird sich bei zwei Allelen der Erwartungswert 50:50 einstellen, bei wenigen Nachkommen kann sich die Zusammensetzung drastisch von der Erwartungshäufigkeit unterscheiden und so die Genfrequenz von Generation zu Generation stark verändern. Einfacher ausgedrückt: Wenn viele Fohlen in einem Zuchtgebiet geboren werden, dann werden sich die beiden Allele, z. B. die Farbe, gemäß dem Zufallsprinzip verteilen. Diese Prognose lässt sich gut mit dem Münzwurf (Kopf/Zahl) an ausreichend vielen Versuchen erklären. Werden nur wenige Münzwürfe getätigt, kann es durchaus passieren, dass nur eine Münzseite erscheint. In der Pferdezucht würde das bedeuten, dass ein Allel mit seinem Merkmal, z.b. eine bestimmte Farbe, nicht mehr bei den wenigen Fohlen je Jahrgang erscheint und es zu einem Allelverlust in einer Rasse kommt.

Bei der sogenannten Erhaltungszucht geht es dann darum, in Rassen mit nur sehr wenigen Individuen möglichst in jeder Generation das phänotypische Zuchtziel zu erreichen und für eine ausreichende Variabilität der Gene zu sorgen. Ein typisches Beispiel ist das Weltkulturerbe, die Rasse des Kladruberpferdes. Diese historische Pferderasse, die nur dafür gezüchtet wurde, um das österreichische Kaiserhaus mit repräsentativen Wagenpferden zu versorgen, besteht heute nur noch aus etwa 200 Zuchtstuten und 40 Hengsten aus vier verschiedenen Linien, wobei zusätzlich 90% der Population nur in einem Gestüt, dem tschechischem Nationalgestüt Kladrub (Schimmel) beziehungsweise dem Vorwerk Slatinany (Rappen) gezüchtet werden. Aufwändige Zuchtprogramme sind heute nötig, um diese Rasse bei ausreichender Erbgesundheit ihrem Zuchtziel entsprechend als Kulturdenkmal zu erhalten. Ein züchterisches Kleinod ist der schwarze Kladruber, der nur bei kirchlichen Anlässen und Beerdigungen bei Hofe eingesetzt wurde. Da aber Pferde mit einem guten Schritt für eine Tauergemeinde zu schell waren, besaßen die schwarzen Kladruber aus Slatinany einen deutlich begrenzteren Schritt als die Schimmel.

Zu ausschließlicher Reinzucht bestimmte Nutztierpopulationen, die auch heute noch Zuchtfortschritte erkennen lassen sollen, können nur geschlossen gehalten werden, wenn sie „effektiv" sehr groß sind. Bei zahlenmäßig begrenzten Populationen heißt das, dass sie bei möglichst engem Geschlechtsverhältnis in viele kleine Subpopulationen mit begrenztem Genaustausch gehalten werden sollen. Derartige Verhältnisse liegen gerade auch bei der weltweit verbreiteten englischen Vollblutzucht vor, als Subpopulationen sind dabei die Zuchtbestände der einzelnen Länder anzusehen.

Unter einer effektiven Population versteht man diejenigen Pferde, die aktiv in der Zucht eingesetzt werden. Nicht zur effektiven Populationsgröße gehören Wallache, nicht gekörte Hengste, unfruchtbare Stuten, nicht beim Zuchtverband registrierte Pferde, ausselektierte Pferde, usw.), ...

Die effektive Populationsgröße wird nach folgender Formel berechnet:

$$n_e = \frac{4 \times n_m \times n_w}{n_m + n_w}$$

n_e = effektive Populationsgröße

n_m = Anzahl der männlichen Individuen in der Population

n_w = Anzahl der weiblichen Individuen in der Population

n_e	Interpretation
50	Unterste Erhaltungsgrenze bei Verzicht auf Zuchtfortschritt +1% Inzuchtrate je Generation
100	Unterste Grenze mit erfolgreichem Zuchtfortschritt + 0,5 % Inzuchtrate je Generation
200	Unterste Grenze zur Erhaltung tiergenetischer Ressourcen existenzbedrohter Tierrassen +0,25% Inzuchtrate je Generation
1000	Unterste Grenze einer nicht gefährdeten Tierrasse +0,05% Inzuchtrate je Generation

Effektive Populationsgröße der Rasse Englisches Vollblut in Deutschland:

Anzahl Pferde der Gesamtpopulation	n	2333
Anzahl männliche Pferde	n_m	102
Anzahl weibliche Pferde	n_w	2231
Effektive Populationsgröße	n_e	390
Inzuchtzunahme je Generation	% je Generation	+0,128

Würde man alleine nach den vorliegenden Zahlen der englischen Vollblutzucht in Deutschland gehen, wäre der Bestand der Subpopulation in Deutschland nicht sicher zukunftsfähig. Aufgrund der weltweiten Verbreitung der Rasse mit vielen weiteren Subpopulationen ist es jederzeit möglich, „fremdes" Blut einzukreuzen. Voraussetzung ist aber, dass der Zuchtverband in Deutschland keine restriktiven Maßnahmen ergreift. Der Ruf „Deutsche Vollblutzüchter nutzen nur deutsche Vollbluthengste" würde unter diesem Gesichtspunkt die Vollblutzucht in Deutschland gefährden.

Nahezu alle landwirtschaftlichen Nutztiere, auch unsere Pferderassen, sind durch eine mehr oder weniger starke Inzucht entstanden, geschlossene Populationen mit geschlossenen Zuchtbüchern sowie Erhaltungszuchten besitzen die höchsten Inzuchtgrade. Unter Inzucht wird generell die Paarung von verwandten Individuen verstanden. Verwandte Tiere sind solche Individuen, die in ihrem Abstammungsnachweis mindestens einen gemeinsamen Vorfahren besitzen. Der aus der Inzuchtpaarung entstehende Nachkomme hat also mindestens einen Vorfahren, der auf der väterlichen und auf der mütterlichen Seite vorkommt. Da aber in fast alle Pferderassen gemeinsame Vorfahren zu entdecken sind, wird die Inzuchtdefinition modifiziert: Ein Individuum gilt als ingezüchtet, wenn sein Inzuchtgrad höher als der durchschnittliche Inzuchtgrad seiner Population ist. Dabei unterscheidet die praktische Tierzucht allgemein zwischen

- Inzestzucht: Paarung von Individuen im 1. und 2. Verwandtschaftsgrad (Geschwisterpaarung, Vater- Tochter-Paarung, usw.)
- Enger Paarung: gemeinsame Ahnen in der 3. und 4. Generation und mäßig weitere Inzucht bei entsprechenden Vorkommen in der 5. und 6. Generation.

Der Inzucht bzw. Linienzucht verdanken nahezu alle Kulturrassen der Haustiere ihre Entstehung, wobei der Inzuchtgrad jedoch starken Schwankungen unterworfen ist. Schweine reagieren beispielsweise sehr anfällig auf einen höheren Inzuchtgrad während Pferde dagegen als ausgesprochen inzuchtstabil angesehen werden können. Das Ziel einer geplanten, kontrollierten Inzucht ist, infolge zunehmender Homozygotie, eine relativ rasche Festigung erwünschter Erbanlagen, Ausgeglichenheit der Population sowie gesteigerte Sicherheit in der Vererbung zu erreichen, wobei eine strenge Selektion unabdingbare Voraussetzung ist. Die Inzuchtrate einer Generation einer Population nennt sich Inzuchtgrad. Für den praktischen Züchter von weitaus größerer Bedeutung ist der Inzuchtkoeffizient. Er ist das Maß für den Inzuchtgrad eines einzelnen

Individuums und ist gleich der Wahrscheinlichkeit, dass zwei Gene eines Genortes herkunftsgleich sind.

INZUCHTKOEFFIZIENT NACH KÜNZI/ STRANZIGER

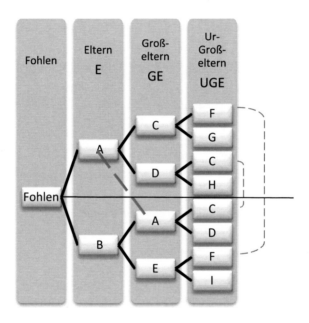

ABBILDUNG 85: RASTER ZUR ERMITTLUNG DES INZUCHTGRADES

Arbeitsanleitung:

1. Alle Tiere verbinden, die oben und unten vorkommen (aber nur mit verschiedenen Nachkommen)
2. Striche zählen in der GE- Generation. Schräge Striche von GE zu E zählen doppelt
3. Striche zählen in der UGE- Generation. Schräge Striche von UGE zu GE zählen doppelt, schräge Striche von UGE zu E vierfach.

Auswertung:

Striche UGE- Generation	Striche GE- Generation			
	0	1	2	3
0	0%	12%	25%	38%
1	3%	16%	28%	41%
2	6%	19%	31%	44%
3	9%	22%	34%	47%
4	12%	25%	38%	50%
5	16%	28%	41%	53%
6	19%	31%	44%	56%
7	22%	34%	47%	59%
8	25%	38%	50%	62%
9	28%	-	-	
10	31%	-	-	

Inzucht-
koeffizient
31% oder
0,31

Ein hoher Inzuchtgrad in der Pferdezucht führt in aller Regel zu Leistungseinbußen und Fruchtbarkeitsschäden. Um diese negativen Effekte zu minimieren, empfehlen Genetiker, den Inzuchtzuwachs je Generation auf unter 3% zu halten.

Inzuchtkoeffizient (%):

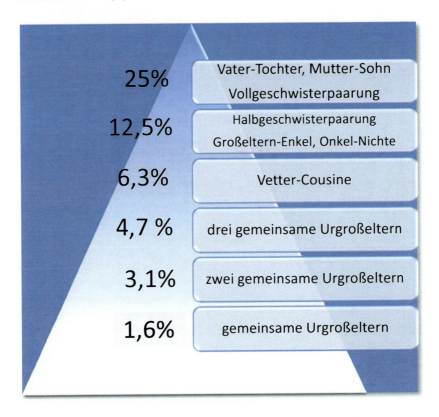

ABBILDUNG 86 INZUCHTKOEFFIZIENT (%): WELCHE WAHRSCHEINLICHKEIT BESTEHT FÜR HERKUNFTSGLEICHE GENE?

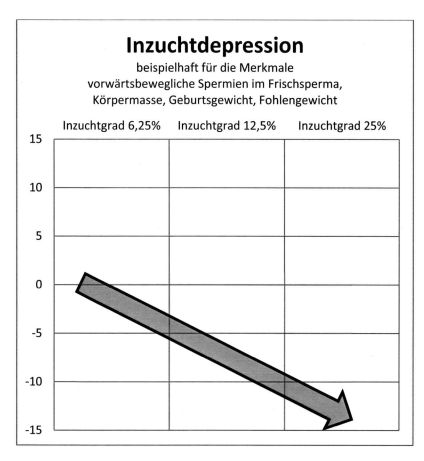

Inzuchtdepression

beispielhaft für die Merkmale
vorwärtsbewegliche Spermien im Frischsperma,
Körpermasse, Geburtsgewicht, Fohlengewicht

Inzuchtgrad 6,25%   Inzuchtgrad 12,5%   Inzuchtgrad 25%

ABBILDUNG 87: INZUCHTDEPRESSION IN ABHÄNGIGKEIT DES INZUCHTGRADES

Die Anwendung von Inzucht- oder gar Inzestzuchtverfahren (Die intensivste Form der Inzucht wird Inzestzucht genannt: Vater – Tochter, Mutter – Sohn, Vollgeschwisterpaarung) gehört unbedingt in die Hand von Fachleuten, sind mit dem Einsatz dieser Methode doch handfeste Risiken verbunden:

Pferde stärkeren Inzuchtgrades sind zunächst einmal ausgesprochen schlecht gegen Umweltbedingungen „abgepuffert". Dies führt in der Praxis so weit, dass man Vollgeschwister aus Inzuchtpaarungen begegnen kann, die phänotypisch weiter auseinander gedriftet sind, als die Population, trotz weiter Variabilität, es zulassen würde. Deshalb sind Inzuchtprodukte immer mit besonderer Sorgfalt aufzuziehen. Ein weiteres Problem sind Inzuchtdepressionen: Fast immer betroffen sind Merkmale mit niedriger Heritabilität, wie Fruchtbarkeit und Fitness. Die praktische Tierzucht empfiehlt heutigentags, den Inzuchtkoeffizient bzw. die Inzuchtsteigerung je Generation auf unter 3% zu halten, um Inzuchtdepressionen in der Population zu vermeiden. Ausdrücklich sei betont, dass Inzucht sehr positive Ergebnisse zeigen kann, wenn eine strenge Selektion des Züchters vorgenommen wird. Aus wirtschaftlichen Gründen ist es aber dem einzelnen Züchter kaum möglich, da damit zu rechnen ist, dass 50% der aus Inzuchtpaarungen fallenden Fohlen durch Selektion aus der Zucht genommen werden müssen. Geschieht dies nicht, drohen Inzuchtschäden (Letalfaktoren!). Ein Rückblick in die Pferdezucht macht Risiken und Nutzen der Inzuchtmethode deutlich:

Der König von Württemberg gründete 1817 das Gestüt Weil bei Esslingen. Auf dem weiträumigen Gestütsareal wurden Englische Vollblüter, Arabische Vollblüter und Halbblutpferde gezüchtet. Insbesondere die Vollblutaraberzucht konnte jederzeit mit üppiger königlicher Gunst rechnen. Enorme Summen wurden aufgewendet, um Araberpferde kostbarster Abstammung aus Arabien nach Württemberg zu holen. Bald schon galt Weil als führende Araberzuchtstätte in Europa. Bald zeigte sich allerdings, dass die in Württemberg gezogenen Araber ihren Adel sowie ihre Trockenheit verloren und zudem immer größer wurden. Entgegengesteuert wurde mit dem Import weiterer Zuchttiere aus Arabien und der Inzuchttheorie von Bakewell. Der entwickelte um 1750 in England die Theorie, dass neue Zuchten durch mäßige Inzucht und scharfe Selektion konsolidiert werden können. U.a. schuf Bakewell mit seiner Methode das Shire Horse. Per Testament hatte der König bestimmt, dass das Gestüt für Araberpferde nicht aufgelöst werden dürfe. Eine Nachfahrin des Königs, die Fürstin zu Wied, sah sich jedoch 1932 aus wirtschaftlichen Gründen nicht mehr in der Lage, das Gestüt weiter fortzuführen und vermachte das Gestüt dem Staat. Der wiederum überstellte die Pferde in sein Haupt- und Landgestüt Marbach. Im Nachhinein kann diese Transaktion als Glück verheißend angesehen werden: Das raue Klima der Schwäbischen Alb und die damit verbundene robuste Aufzucht verbesserten den Original- Typ wieder. Eine enge Zusammenarbeit der Gestütsleitung mit der landwirtschaftlichen Fakultät Hohenheim führte zudem zu einer Zuchtarbeit, die Inzucht und sogar Inzestzucht unter wissenschaftlicher Kontrolle zuließ.

ABBILDUNG 88: DER WESTFÄLISCHE LANDBESCHÄLER POLYDOR (*1972 - 2000) IST EINER DER ERFOLGREICHSTEN SPORTPFERDEVERERBER DER WELT

Was NORTHERN DANCER für die Vollblutzucht, GOTTHARD und GRANDE für die Hannoveraner, PILOT und POLYDOR und PARADOX bei den Westfalen, LANDGRAF und COR DE LA BRYÈRE in Holstein, KOLIBRI für die Brandenburger und CAPRIMOND bei den Takehnern ist, gilt für NAZEER von MANSOUR a.d. BINT SAMIHA, geb. 1934, für die Arabische Vollblutzucht. Folglich war man bemüht, Nachkommen dieses legendären Hengstes nach Deutschland zu holen. HADBAN ENZAHI hieß der NAZEER- Sohn, den die Gestütsleitung schließlich für Marbach in Ägypten einkaufen konnte. Fast gleichzeitig kamen zwei weitere NAZEER- Söhne nach Deutschland: GHAZAL und KAISOON. Alle drei Hengste wurden zu Volltreffern in der Zucht. Nachzucht, die aus diversen Kombinationen dieser drei Hengste stammte, wurde zu Traumpreisen verkauft. Um tatsächlich Vollblutaraberpferde produzieren zu können, die in Adel, Trockenheit und Größe dem Originalpferd in seinen Ursprungsländern entsprechen, wurde umfassend auf das Verfahren Inzucht gesetzt. Um eventuell vorhandene unerwünschte, rezessive Gene eleminieren zu können, scheute man sich nicht im Haupt- und Landgestüt Marbach, Inzestpaarungen durchzuführen. Für den praktischen Züchter ergeben sich folgende Nachteile der Inzestzucht, wie sie sich auch in Marbach gezeigt haben, man dort aber entsprechend reagieren konnte:

Farbe. Die Vollblutaraber in Marbach sind überwiegend Schimmel. Mit zunehmendem Inzuchtgrad zeigten sich häufig pigmentlose, rosa Stellen, insbesondere im Kopfbereich. Viele Pferde hatten ein Krötenmaul, teilweise pigmentlose Bereichen im Augenbereich sowie pigmentlose Abzeichen am Kopf. Nicht nur unschön wirkten diese Köpfe, sondern starke Sonneneinstrahlung führte leicht zu entzündlichen Hautveränderungen. Das Gestüt reagierte auf dieses Problem mit dem Einsatz eines nicht näher verwandten, ägyptischen EL ZAHRAA stammenden Rapphengstes GHARIB OX. Bei Englischen Vollblütern konnte das bei den Arabern beobachtete Phänomen zwar nicht registriert werden, doch zeigte sich bei überwiegend braunen Vollblütern ein Hang zur Ausbildung „grüner" Beine, darunter versteht man statt der bekannten schwarzen

Beine der braunen Pferde verwaschene Beinfärbung, einhergehend mit erhöhter Anfälligkeit für Beinerkrankungen.

ABBILDUNG 89: SOG. „GRÜNER" BRAUNER, ENGLISCHER VOLLBLÜTER, 1979 (FOTO: ARCHIV DR. BORMANN)

Größe. Bei Vollblutarabern konnte zwar nicht generell eine Abnahme im Stockmaß festgestellt werden, doch ist auffällig, dass asile Vollblutaraber (aus der Wüstenzucht der Beduinen auf der Arabischen Halbinsel) durchgängig kleiner waren, als ihre genetisch variantenreicheren Verwandten in Europa. Für Englische Vollblüter liegen hierüber keine Erkenntnisse vor. Bei der kleinsten deutschen Kaltblutrasse, dem Abtenauer, haben aber Hippologen und Genetiker darauf hingewiesen, dass die knappe Größe wohl im Zusammenhang mit der engen Blutführung gesehen werden muss. Bei Haflingern ist durch Studien belegt, dass pro 10% Inzuchtanstieg das Stockmaß sich um 1,1 cm reduziert.

Krankheitsanfälligkeit. Da die Inzucht neben der Anhäufung von erwünschten Genen auch die Verstärkung unerwünschter Gene forciert, kann es, je nach Population, verstärkt zu Krankheiten kommen, der Genetiker spricht von verstärkten pathogenen Manifestationen. In der Vollblutzucht ist Hippologen bekannt, dass bestimmte Inzuchtkombinationen vermehrt Wachstumsstörungen der Knochen (Epiphysitis) verursachen.

Fruchtbarkeit. Die Vollblutaraber mit ihrer langen (Inzucht-) Zuchtgeschichte ausgenommen, wurde generell bei allen Haustierrassen bei erhöhtem Inzuchtgrad eine Abnahme der Fruchtbarkeit festgestellt. Studien an Trabern ergaben bei einer 10%igen Inzucht eine um 4% verminderte Abfohlrate und eine um 13% erhöhte Rate an Frühaborten.

„BLUTLINIENZUCHT"

Bei vielen Pferdezüchtern spielt die „Blutlinienzucht" eine große Rolle. Dahinter steckt der alte Glaube, dass Blut für die Vererbung verantwortlich ist. Nicht umsonst spricht der Volksmund z. B. beim Menschen von Blaublütigen und meint damit Adelsdynastien. Auch in der Pferdezucht spielt dieses Denken eine Rolle: "Blut ist der Saft, der Wunder schafft!", dieses legendäre Zitat ist im Graditzer Stutenstall nach einem Ausspruch des Grafen Lehndorff zu lesen (und stammt ursprünglich aus Goethes Faust). Mit unserem heutigen Wissen würden wir besser sagen: „Gene sind der Stoff, der Wunder schafft". Stolz berichten erfahrene Pferdezüchter von bedeutenden Butlinien ihrer Pferde. Ehrfürchtig präsentieren Pferdehalter ihre Produkte und preisen ihre Qualität durch die Erklärung, dass ihr Pferd z.B. aus der berühmten, erfolgreichen D- Linie, also DEWIL'S OWN- Linie, aus der schließlich auch DER Vererber, Donnerhall kommt, stammt. Und weil diese Linie so erfolgreich ist, wolle man natürlich in dieser Blut- Linie weiterzüchten.

Der Begriff Blutlinie folgt der Überlegung, dass Blut gleichbedeutend mit Erbanlagen sei. Praktische Züchter verstehen darunter die sich vom Stammvater (Linienbegründer) ableitende, nach Generationen geordnete männliche (bei Stutenlinien weibliche) Nachkommenschaft. Vielfach wird eine solche Linie auch nach ihrem Begründer benannt. Gemäß der Ausführungen in diesem Buch ist dem Pferdewirt aber bewusst, dass nur

50% der Erbanlagen vom Vater und 50% von der mit ihr angepaarten Mutter stammt. Die Wahrscheinlichkeit, dass Gene eines Blutbegründers vorliegen, reduziert sich mit jeder Folgegeneration um 50%. In der zweiten Generation liegen demnach 25%, in der dritten Generation 12,5% usw. vor. Da zudem die vom Blutlinienbegründer stammenden Gene entsprechend dem Zufallsprinzip weiter gegeben werden, können Nachkommen eines Linienbegründers selbst in gleicher Generation sehr unterschiedlich ausfallen.

Die Blutlinienzucht führt zu keinem besonderen züchterischen Effekt. Der genetische Wert eines Zuchtpferdes hat keinen Zusammenhang mit der Zugehörigkeit zu einer Blutlinie.

Linienbegründer Devils Own *1887*	Durchschnittlicher, genetischer Anteil des Linienbegründers DEVILS OWN
1. **Generation** **Defilant** *1896*	50%
2. **Generation** **Defregger** *1905*	25%
3. **Generation** **Desmond** *1909*	12,5%
4. **Generation** **Detektiv** *1922*	6,25%
5. **Generation** **Dwinger** *1938*	3,125%
6. **Generation** **Diskant** *1957*	1,5625%
7. **Generation** **Disput** *1967*	0,78125%
8. **Generation** **Donnerwetter** *1977*	0,390625%
9. **Generation** **Donnerhall** *1981*	0,1953125%

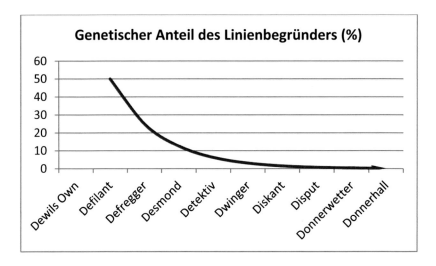

ABBILDUNG 90: GENETISCHER ANTEIL EINES LINIENBEGRÜNDERS IN EINEM BESTIMMTEN MERKMAL

Wenn sich dennoch der Begriff Blutlinie bis heute erhalten hat und scheinbar alle Tierzüchter Lügen straft, so ist dies dem Umstand zuzuschreiben, dass es bei der Mehrzahl der Nachkommen eines solchen Linienbegründers gelungen ist, eine hohe Leistungsveranlagung z. B. durch die Zuführung besonders geeigneter Stuten zu erhalten. Tierzüchter sprechen in diesem Zusammenhang von dem sog. Passereffekt (engl. Nick).

KLONEN

Von zunehmender Bedeutung könnte in Zukunft das Klonen sein. Ziel ist es hierbei, eine genetisch identische Kopie eines bereits vorhandenen Individuums zu erhalten.

Zurzeit ist es bereits möglich, eine Eizelle der Stute zu entnehmen, die daraus entnommene DNA in kultivierten Euterzellen zur Verschmelzung und zur Zellbildung anzuregen, wobei der dann sich entwickelnde Embryo

einer Ammenstute eingepflanzt wird, die diesen Klon bis zur Geburt
austrägt.

Am 28.05.2003 wurde in Cremona (Italien) ein Haflingerfohlen geboren,
das genetisch identisch mit seiner Mutter ist. Entstanden ist das Fohlen
aus den Hautzellen seiner Mutter, besser gesagt aus der Stute, aus der es
entstand und die es austrug. Das erste Klon- Pferd der Welt!

Im Gegensatz zum Embryotransfer geht es bei diesem Verfahren nicht um
die Austragung bereits begatteter Eizellen, sondern tatsächlich um die
identische Replikation eines bereits vorhandenen Individuums. Berühmt
geworden ist das Klonschaf Dolly und hat eine breite ethische Diskussion in
der ganzen Welt ausgelöst. Erst wesentlich später stellten die
Wissenschaftler fest, dass ihr Klonschaf vorzeitig alterte. Derzeit sehen
Zellbiologen weitere bedenkliche Entwicklungen: Durch Nachzüchtung von
Zellen im Labor können diese z. B. Tumore auslösen. Das Klonen von
Lebewesen hat weltweit eine große ethische Diskussion ausgelöst.

ZUCHTWERTSCHÄTZUNG

Der praktischen Züchter wird heute mit eine Vielfalt an
Zuchtinformationen nahezu überschüttet. Obwohl die Daten immer
umfangreicher und genauer werden, wird die Situation für den Nutzer
mehr und mehr unübersichtlich. Auch hier gilt: Viel hilft nicht viel.

Abhilfe schafft die Zuchtwertschätzung, die alle Informationen rund um
das Zuchtgeschehen statistisch korrekt erhebt, sammelt, auswertet und
bewertet. Dazu sind nur noch Großrechenanlagen in der Lage.

Um eine Zuchtwertschätzung auch wirklich lesen und gewinnbringend
nutzen zu können, benötigt ein Pferdewirt ein solides Grundwissen:

Der Zuchtwert eines Tieres entspricht dem Zweifachen der Überlegenheit
des Durchschnitts viele Nachkommen des Tieres gegenüber dem

Durchschnitt der Population. Die moderne Züchtung zielt zuzusagen auf die Umkehr dieser Definition ab: Die doppelte Abweichung ergibt sich aus der Tatsache, dass jedes Elterntier nur die Hälfte der Gesamtheit seiner Erbanlagen an die Nachkommenschaft weitergibt. Die Definition geht zusätzlich von der Annahme aus, dass Tiere, deren Zuchtwert auf Grund der Nachkommen geschätzt werden soll, an durchschnittliche Partner angepaart werden sollen, welche dem Populationsdurchschnitt entsprechen. Viele Nachkommen sollen es sein, damit möglichst alle Genkombinationen weitergegeben werden können, und somit eine repräsentative Stichprobe darstellen welche möglichst den exakten Zuchtwert offenbaren. Auch aus ökonomischen Gründen, meist lässt sich die Pferdezucht ohnehin nur defizitär betreiben, wartet die Tierzuchtwissenschaft nicht die zeitraubende Nachkommenprüfung ab, sondern versucht, anhand statistischer Modelle die Durchschnittsleistung der Nachkommenschaft vorauszusagen.

Der allgemeine Zuchtwert eines Pferdes entspricht seinem Wert, der sich in den Leistungen seiner Nachkommen, die aus zufälligen Anpaarungen innerhalb der Population hervorgegangen sind, niederschlägt. Er beruht auf additiver Genwirkung.

Die Grundlage einer soliden Zuchtwertschätzung sind verschiedene Informationsquellen:

Pedigreezuchtwert (Papierform). Die Auswahl der für die Zucht erforderlichen Tiere soll natürlich so frühzeitig wie möglich erfolgen. Dabei ergeben sich Zuchtwerte bereits durch das Pedigree und Vorfahrenleistungen. Ein sicherer Abstammungsnachweis mit Eigenleistungsergebnissen der Vorfahren liefert dann erste Erkenntnisse. Sind die Vorfahren bereits zuchtwertgeschätzt, so ergibt sich der Pedigreewert des Fohlens (oder Ungeborenen) aus dem halben Zuchtwert der Mutter und dem halbem Zuchtwert der Vaters.

Eigenleistung. Die Eigenleistung eines Pferdes kann dagegen erst sehr viel später erbracht werden, bietet dafür aber eine höhere Sicherheit hinsichtlich der Aussage über den Zuchtwert. Beim Rennpferd ist dies frühestens mit zwei Jahren, beim Warmblutpferd mit drei Jahren möglich.

Nachkommenleistung. Die Zuchtwertschätzung anhand der Nachkommen unterscheidet sich von der Zuchtwertschätzung anhand der Vorfahren und der Eigenleistung in erster Linie durch die erreichbare höhere Genauigkeit, weil in einer großen Anzahl von Nachkommen alle Gene des betreffenden Vatertieres vorhanden sind. Sie stellen zwar nur die Hälfte der bei den Nachkommen vorhandenen Erbfaktoren dar, die andere Hälfte stammt von den Müttern der Nachkommen. Entweder sind diese selber leistungsgeprüft oder stellen den Populationsdurchschnitt dar. Diese Art der Zuchtwertschätzung, so genau sie auch ist, hat den entscheidenden Nachteil, dass entsprechende Aussagen erst recht spät gemacht werden können.

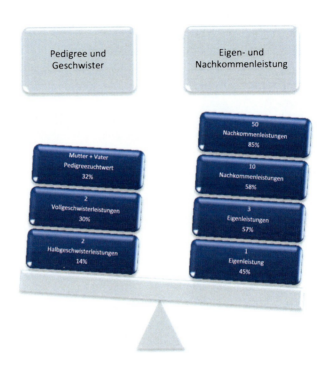

ABBILDUNG 91: DIE GENAUIGKEIT EINER ZUCHTWERTSCHÄTZUNG IST ABHÄNGIG VON DEN DOKUMENTIERTEN LEISTUNGEN

Beispiel:

Genauigkeit einer Zuchtwertschätzung bei einem vererbbaren Merkmal

$(h^2 = 0,2)$:

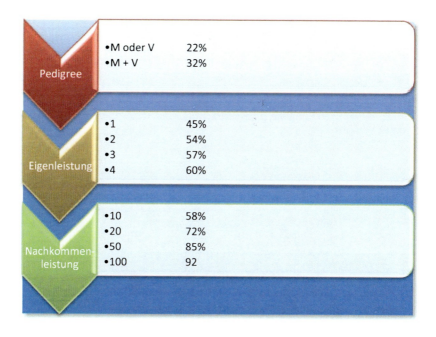

ABBILDUNG 92: DIE GENAUIGKEIT DER ZUCHTWERTSCHÄTZUNG IN ABHÄNGIGKEIT VON PEDIGREE, EIGEN- UND NACHKOMMENLEISTUNG

Der Zuchtwert eines Tieres ist niemals statisch zu sehen, es handelt sich immer um einen Annäherungswert, der mit zunehmender Informationsfülle immer exakter wird. Grundsätzlich ist daher der Zuchtwert eines Pferdes immer im Zusammenhang mit der Genauigkeit der Zuchtwertschätzung zu sehen. Aus diesem Grund wird bei der

Zuchtwertschätzung auch die Genauigkeit (0,1 (10%) bis 1 (100%)) angegeben und gibt dem praktischen Pferdezüchter wichtige Hinweise über die Aussagekraft des Zuchtwertes.

Weltweit arbeiten Tierzuchtverbände heute in der Zuchtwertschätzung mit dem **BLUP**- Modell:

> **B**est (minimale Fehlervarianz)
>
> **L**inear (Linearkombination der im Modell enthaltenen Effekte)
>
> **U**nbiased (unverzerrt)
>
> **P**rediction (Voraussage)

ABBILDUNG 93: JAHRBUCH SPORT UND ZUCHT MIT DER VERÖFFENTLICHUNG DER AKTUELLEN ZUCHTWERTSCHÄTZUNG. VERÖFFENTLICHT WERDEN NUR ZUCHTWERTE MIT EINER GENAUIGKEIT GRÖSSER 75% (MINDESTENS 5 NACHKOMMENLEISTUNGEN) (FOTO: FNVERLAG)

Das Verfahren stützt sich auf die gemischten linearen Modelle der mathematischen Statistik. Lineare Modelle sind sehr anpassungsfähig für verschiedenste Zuchtstrukturen. Gemischt heißt, fixe (Geschlecht, Geburtsjahr, Pedigree, usw.) und zufällige (Reiter, Bodenzustand, usw.) Effekte werden im gleichen Modell berücksichtigt. Zusätzlich findet neben Vorfahren-Eigenleistungen und Vorfahren-Nachkommenleistung und der fixen und zufälligen Effekte eine Berücksichtigung auf das Generationenintervall statt. Hierbei ergeben sich zwei Möglichkeiten: entweder wird mit einem festen Basisjahr gearbeitet, von welchem an, bedingt durch den Zuchtfortschritt, Zuschläge je Generation oder Jahr berechnet werden, oder aber es wird meist heutigentags mit einem gleitenden Basisjahr gearbeitet, bei welchem in jedem Jahr Zu- und Abschläge innerhalb der Population vergeben werden. Dies hat den Vorteil, ständig eine aktuelle Populationsstruktur vor Augen zu haben, während bei der Berechnung nach einem Basisjahr ständig steigende Werte das Zahlenmaterial in astronomische Höhen führen würde und die Zahlen nach einiger Zeit folglich immer neu angepasst werden müssten

BULP ZUCHTWERTSCHÄTZUNG

HLP   Hengstleistungsprüfung

ZSP   Zuchtstutenprüfung

TSP   Turniersportprüfung

ABP   Aufbauprüfung

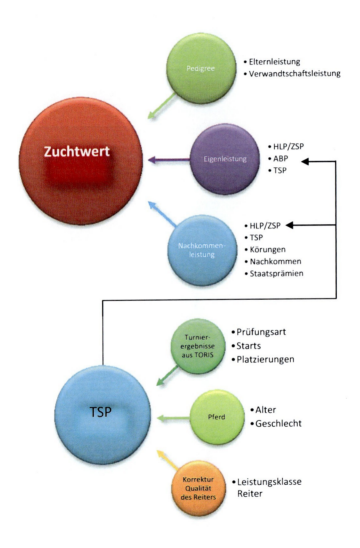

Pedigree
• Elternleistung
• Verwandtschaftsleistung

Zuchtwert

Eigenleistung
• HLP/ZSP
• ABP
• TSP

Nachkommen-leistung
• HLP/ZSP
• TSP
• Körungen
• Nachkommen
• Staatsprämien

Turnier-ergebnisse aus TORIS
• Prüfungsart
• Starts
• Platzierungen

TSP

Pferd
• Alter
• Geschlecht

Korrektur Qualität des Reiters
• Leistungsklasse Reiter

ABBILDUNG 94: DARSTELLUNG DER EINZELPROZESSE DER BLUP- ZUCHTWERTSCHÄTZUNG DES PFERDES

Unter Berücksichtigung aller möglichen genetischen und umweltbedingten Effekte wird dann ein Zuchtwert erstellt, wobei der mittlere Zuchtwert immer mit $ZW = 100$ angegeben wird, die Standardabweichung beträgt grundsätzlich $\sigma = 20$.

ABBILDUNG 95: MIT DEM STARTBILDSCHIRM FÜR FÜRST PICCOLO KÖNNEN ALLE SPORTDATEN, ZUCHTDATEN, HLP- ERGEBNISSE, ZUCHTWERTE SOWIE NACHKOMMENLEISTUNGEN SPORT UND ZUCHT ZU DIESEM PFERD ABGERUFEN WERDEN (FOTO: FNVERLAG)

„Die Daten von rund 500.000 Pferden - fast sechs Millionen Informationen aus Turniersportprüfungen, mehr als 1,3 Millionen Informationen aus Ausbauprüfungen, rund 50.000 Informationen aus Zuchtstutenprüfungen, rund 5.000 Informationen aus Hengstleistungsprüfungen muss eine Großrechenanlage verarbeiten, um das jährlich von der Deutschen Reiterlichen Vereinigung herausgegebene Jahrbuch Sport und Zucht zu erstellen. Mittlerweile gibt es das Jahrbuch nicht mehr gedruckt, sondern als DVD für den heimischen Computer.

Integrierte Zuchtwertschätzung 2010

für Fürst Piccolo (DE 343439567897), Rheinländer, geb. 13.04.1997
von Fidermark I a. d. Medusa, v. Mephistopheles

Datengrundlage	Eigenleistung		Leistungen der Nachkommen (NK)			
	Anzahl Starts	Anzahl Platz.	Anzahl NK mit Starts	Gesamt Starts der NK	Anzahl NK mit Platz.	Gesamt Platz. der NK
DRESSUR						
Turniersport (TSP)	19	14	217	2476	150	1009
Aufbauprüfung (ABP)	9	4	310	2770	207	1214
Zuchtstutenprüfung (ZSP) / Veranlagungsprüfung (VA)	nein / nein		118 / 10			
Hengstleistungsprüfung (HLP)	ja		5			
Springen						
Turniersport (TSP)	0	0	46	379	20	93
Aufbauprüfung (ABP)	0	0	60	647	27	166
Zuchtstutenprüfung (ZSP) / Veranlagungsprüfung (VA)	nein / nein		118 / 10			
Hengstleistungsprüfung (HLP)	ja		5			

Integrierte Zuchtwerte	Zuchtwerte (Indexpunkte)	Sicherheit (Prozent)	
Gesamtzuchtwert Dressur	**153**	**97 %**	153
Turniersport (TSP)	148	92 %	148
Aufbauprüfung (ABP)	143	97 %	143
Zuchtstutenprüfung (ZSP) / Veranlagungsprüfung (VA)	144	97 %	144
Schritt	124	93 %	124
Trab	143	95 %	143
Galopp	136	94 %	136
Rittigkeit	143	94 %	143
Hengstleistungsprüfung (HLP)	151	91 %	151
Schritt	133	79 %	133
Trab	151	85 %	151
Galopp	142	84 %	142
Rittigkeit	150	83 %	150
Gesamtzuchtwert Springen	**80**	**92 %**	80
Turniersport (TSP)	89	73 %	89
Aufbauprüfung (ABP)	93	86 %	93
Zuchtstutenprüfung (ZSP) / Veranlagungsprüfung (VA)	78	94 %	78
Freispringen			
Hengstleistungsprüfung (HLP)	80	88 %	80
Freispringen	76	87 %	76
Parcoursspringen	85	84 %	85

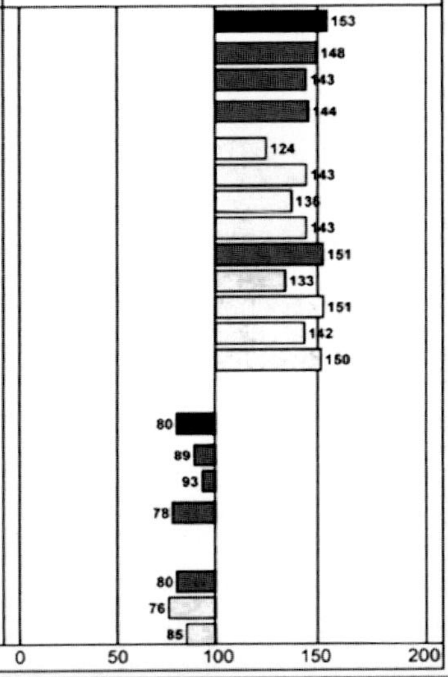

0   50   100   150   200

ABBILDUNG 96: INTEGRIERTE ZUCHTWERTSCHÄTZUNG FÜR DAS PFERD FÜRST PICCOLO

Zur Schätzung der genetischen Über- oder Unterlegenheit (Zuchtwert) eines Pferdes werden nicht nur seine eigenen Leistungen sondern auch die all seiner Verwandten herangezogen. Gleichzeitig tragen die Leistungen in einem Merkmal auch Informationen zur Schätzung des Zuchtwertes in allen anderen Merkmalen bei. Die Leistung eines Pferdes wird immer in Relation zu den Leistungen anderer Pferde unter vergleichbaren Umweltbedingungen gesehen. Durch die gleichzeitige Berücksichtigung aller Umwelteffekte und des genetischen Effektes des Pferdes selbst, ist das Schätzmodell in der Lage, die Überlegenheit eines Pferdes all dieser Einflussfaktoren (Turnierklasse, Reiter, Ort, Geschlecht und Alter des Pferdes, usw.) differenziert zuzuordnen. Das heißt: Es wird bei dem Modell berücksichtigt, ob ein Pferd eine Prüfung gewonnen hat, weil es unter einem besonders guten Reiter ging, weil die anderen Pferde im Teilnehmerfeld leistungsmäßig besonders schwach waren oder weil das Pferd entsprechend hoch genetisch veranlagt ist. Mit diesem Modell können in allen Merkmalen Zuchtwerte geschätzt werden, auch wenn das Pferd selbst keine entsprechende Eigenleistung hat, sondern nur seine Verwandten. Für jedes Pferd wird in jedem Einzelmerkmal ein Zuchtwert geschätzt, es gibt also 20 Teilzuchtwerte bei der FN- Zuchtwertschätzung. Zuchtwertschätzungen anderer Pferderassen können mehr oder weniger Teilzuchtwerte ausweisen. Die Springmerkmale aller Prüfungsarten, also der Rang in der Springprüfung, die Wertnote in der Springpferdeprüfung, die Beurteilung des Frei- und Parcoursspringens bei den Zuchtprüfungen werden zu einem Gesamtzuchtwert „Springen" zusammengefasst. Gleiches gilt für die Dressurmerkmale: Rangierung in der Dressurprüfung, Wertnote aus der Dressurpferdeprüfung, Beurteilung der Gangarten und der Rittigkeit aus den Zuchtprüfungen, daraus ergibt sich der Gesamtzuchtwert „Dressur". Wichtig für die richtige Interpretation der Zuchtwerte ist die Sicherheit der Schätzung. Für Pferde mit wenig verfügbarer Informationen (wenn etwa nur von der Mutter oder vom Vater Informationen vorliegen) oder für Pferde, die nur eine Eigenleistung (z. B. nur wenige Starts in Aufbauprüfungen) haben, wird der Zuchtwert „vorsichtiger" geschätzt als für Pferde mit umfangreichen Informationen. Die Zuchtwerte für Hengste werden im Jahrbuch Zucht nur dann veröffentlicht, wenn der geschätzte Gesamtzuchtwert Springen bzw. Dressur eine Sicherheit von mindestens 75 Prozent aufweist und die

Schätzung auf mindestens fünf Nachkommen mit Eigenleistungen basiert"
(Infos:FN-press).

Merkmal		1 TSP Springen	2 TSP Dressur	3 ABP Springen	4 ABP Dressur	5 ZSP Schritt	6 ZSP Trab	7 ZSP Galopp	8 ZSP Rittigkeit	9 ZSP Freispringen	10 HLP Schritt	11 HLP Trab	12 HLP Galopp	13 HLP Rittigkeit	14 HLP Freispringen	15 HLP Parcoursspringen
TSP Spring.	1	**.10**	–.07	.47		-.10	-.05			.46	-.09	-.04			.51	.56
TSP Dressur	2		**.11**		-.06	.42	.48	.46	.49		.42	.50	.44	.58		
ABP Spring.	3			**.18**		-.08	-.04			.57	-.07	-.04			.57	66
ABP Dressur	4				**.28**	.50	.59	.51	.51		.53	.60	.53	.60		
ZSP Schritt	5					**.32**	.40	.49	.53	-.09	.64	.43	.34	.51	-.08	
ZSP Trab	6						**.35**	.67	.65		.44	.73	.49	.59	-.09	
ZSP Galopp	7							**.37**	.57	.08	.34	.49	.61	.60		.08
ZSP Rittigkeit	8								**.35**		.49	.55	.55	.75		.08
ZSP Freispri.	9									**.37**	-.08	-.09			.76	.80
HLP Schritt	10										**.42**	.65	.62	.61	-.09	
HLP Trab	11											**.47**	.63	.71		
HLP Galopp	12												**.43**	.63	.16	.26
HLP Rittigk.	13													**.51**		.20
HLP Freispri.	14														**.46**	.86
HLP Parc. Spring.	15															**.36**

ABBILDUNG 97: HERITABILITÄT UND KORRELATIONEN EINZELNER MERKMALE DER BLUB-ZUCHTWERTSCHÄTZUNG

Die Heritabilität h^2 (schwarze, in der Diagonale verlaufende Kästen) sowie die Korrelation $KOR\dfrac{x}{y}$ verschiedener Merkmale bei der Zuchtwertermittlung für Pferde sind in Abb. 99 dargestellt. Bei der

Prognose der Erblichkeit, der Heritabilität, ist festzustellen, dass z.B. das Freispringen bei Zuchtstutenprüfungen ($h^2 = .37$) und auch bei Hengstleistungsprüfungen ($h^2 = .46$) eine wesentlich höheren prognostischen Wert hat, als das Turnierspringen. Die Korrelation, also die gemeinsame Betrachtung zweier Merkmale gibt Auskunft darüber, in welcher Beziehung die Merkmale zueinander stehen. Beispielsweise die beiden Merkmale TSP Springen und TSP Dressur. $KOR\frac{TSP\ Springen}{TSP\ Dressur} = -.70$ bedeutet nichts anderes, als dass mit dem zunehmenden Anstieg der Springnote die Dressurnote fällt.

Damit wird klar, dass ein gutes Turnier- Dressurpferd in aller Regel keine guten Turnier- Spingpferde vererben wird.

AUSBLICK: VERKÜRZUNG GENERATIONSINTERVALL

Bei der klassischen Zuchtwertschätzung hängt die Prognosegenauigkeit von der Genauigkeit des Zuchtwertes ab. Dieser ist umso genauer, je mehr Nachkommen in der Zuchtwertschätzung analysiert werden können. Das erfordert Geduld, denn die Nachkommen müssen zunächst einmal selber so alt werden, dass sie an Leistungsprüfungen teilnehmen können. Deshalb versuchen Tierzuchtwissenschaftler, das Generationenintervall zu verkürzen. Folgende Methoden werden derzeit hierzu diskutiert:

- Embryo Transplantation (ET)
- Künstliche Besamung (KB)
- Genomische Selektion

Embryo Transplantation führt in kürzerer Zeit zu genaueren Zuchtwertschätzungen und verkürzt das Generationenintervall indirekt durch eine gesteigerte Nachkommenzahl (2 Fohlen pro Jahr statt 0,66 Fohlen pro Jahr), frühere Zuchtnutzung (Zweijährige) sowie Beginn der Nachkommenprüfung, obwohl die Stute noch selber in der Eigenleistung sich befindet (Zucht + Turnier).

Künstliche Besamung erhöht deutlich die Anzahl der Nachkommen. Kann ein Hengst im Natursprung maximal 200 – 300 Stuten pro Jahr decken, sind bei der künstlichen Besamung durchaus mehrere Tausend Fohlen in einem Jahr möglich. Zusätzlich wird das Risiko von Infektionskrankheiten sowie das Verletzungsrisiko minimiert und sorgt so auch für mehr lebende Fohlen pro Jahr.

Zuchtverband	Verbreitung der KB (%)
Belgisches Warmblutpferd	95%
Holsteiner	95%
KWPN	95%
Hannover	91%
Selle Francais	84%
Schwedisches Warmblut	84%

Genomische Selektion, möglich durch die Entschlüsselung des Genoms des Pferdes, ist die Markierung des genetischen Codes mit 50.000 Markern (SNP- Markern) sowie deren Analyse (Typisierung). Der Genetiker erhält für jedes Pferd einen individuellen Code. Ein Labor benötigt lediglich 30 – 50 Haare mit Haarwurzel aus Mähne oder Schweif, alternativ 5 ml Blut, Gewebeprobe (z.B. Maulschleimhaut, Haut, Organe) oder Sperma, um die DNA innerhalb eines Tages zu untersuchen. Eine Genotypisierung wird umso preiswerter, je zahlreicher die zu untersuchende Population ist. Bei Massengentypisierungen kostet eine Analyse ca. 200 €. Es ist nur eine Frage der Zeit, dass zukünftig nicht nur Farbe, Geschlecht oder Erbkrankheiten, sondern auch erbliche Leistungsmerkmale, wie Gesundheit, Geschwindigkeit, Körpermaße, Winkelungen und Verhalten im Erbgut eines Pferdes erkannt werden können. Bereits jetzt wird darüber diskutiert, ob es dann eine Selektion nach Auswertung des Erbgutes (genomische Selektion), eine genetische Eigenleistungsprüfung (HLP und ZSP) am Schreibtisch des Zuchtverbandes sowie einen genetischen Zuchtwert geben wird. Eine aufwändige Nachkommenprüfung wäre dann überflüssig, kein Pferdewirt würde mehr einen Hengst zur HLP oder eine Stute zur Stutenschau führen. Noch aber wird und muss dieser Trend kontrovers geführt werden:

Prof. Förster (München): „Informationen zur Wirkung von Genen auf Leistungsmerkmale werden recht bald die Leistungsprüfung ersetzen"

Prof. Eßl (Wien): „Selbst wenn wir Gene mit großer Wirkung finden, werden wir niemals genug über deren Aktion und Wechselwirkung wissen, um den Zuchtwert von Tieren ausreichend zu beschreiben."

Abbildung 98: Vor- und Nachteile genomische Zuchtwertschätzung

kostengünstig
Zuchtwert ab Geburt feststellbar
keine Leisungsinformation nötig,
Verkürzung Generationsintervall
schnellerer Zuchtfortschritt, genomischer
Zuchtwert genauer als Pedigree- Zuchtwert
beim Fohlen
Zuchtwert weniger von der individuellen
Umwelt beeinflusst

nur 40% - 60%ige Genauigkeit
Risiko des Züchters vergrößert sich
noch nicht offiziell anerkannt
für den Züchter nicht immer transparente
Zuchtwertermittlung
Zahlreiche Traditionsveranstaltungen
(Schauen, Körung, Turniere, Rennen)
wären entbehrlich

AUSBLICK: INTELLIGENTE, SELBTSTEUERNDE BESAMUNG

Die künstliche Besamung (KB) hat sich in der Pferdezucht längst durchgesetzt. Je höher die Samenqualität und je genauer die Besamung möglichst dicht um den Eisprungtermin, desto höher die Abfohlquote. Trotz langjähriger Erfahrung und dem Einsatz hochmoderner Ultraschallgeräte zur Bestimmung des Eisprungtermins, liegt die Abfohlquote derzeit bei maximal nur 60%. Von 100 Stuten werden 40 Tiere ohne ein Fohlen bleiben. In der züchterischen Praxis bedeutet dies, dass drei Stuten zur Zucht eingesetzt werden müssen, damit zwei Fohlen pro Jahr produziert werden können. Grund ist, dass selbst erfahrene Tierärzte mit derzeitiger Technik den Termin des Eisprungs (Ovulation) nicht genauer vorhersagen und so den Samen terminlich nicht präzise genug applizieren können. Biologen der Eidgenössischen Technischen Hochschule Zürich haben jetzt ein intelligentes, selbststeuerndes Verfahren entwickelt, den Samen direkt mit dem Eisprungtermin auszuschütten.

Dabei nutzen die Schweizer Forscher um Professor Fussenegger die Kenntnis, dass der Eisprung das Luteinisierungs- Hormon (LH) frei setzt. Der Trick besteht nun darin, dass der männliche Samen in eine Cellulose-Kapsel gegeben wird. Diese wird so ausgerüstet, dass sich die Kapsel nur dann auflöst, wenn das Luteinisierungs- Hormon (LH) auf die eigens präparierte Besamungskapsel trifft und dafür sorgt, dass sie sich auflöst und den Samen zeitgleich mit dem Eisprung frei gibt.

Der Vorteil dieser selbststeuernden Besamungskapseln ist, dass sie nur zum ungefähren Eisprungtermin mit den üblichen Kanülen eingeführt werden müssen, da der Samen sich mehrere Tage in den Kapseln frisch hält. Exakt zum Eisprung löst sich die Besamungskapsel auf und befruchtet termingerecht die befruchtungsfähige Eizelle der Stute.

Für Rinder ist die Besamung mit intelligenten Besamungskapseln bereits erprobt und praxisreif, im Pferdebereich steht eine Einführung bevor.

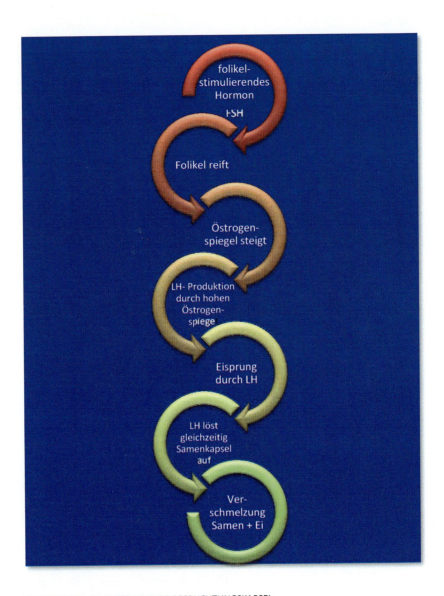

ABBILDUNG 99: SELBSTSTEUERNDE BEFRUCHTUNGSKAPSEL

ZUCHTVERBANDSORDNUNG (ZVO)

ABBILDUNG 100: EMIL VOLKERS PFERDETAFEL (CA. 1880): ALT- NEAPOLITANER, BELGISCHES PFERD, OLDENBURGER, SCHWEDISCHES PONY, CLYDESDALER, PINZGAUER (V.L)

Wenn Pferdezüchter sich mit der Genetik ihrer Pferde befassen, stoßen sie immer auf fest definierte Begriffe und Selektionskriterien. Maßgeblich ist bei den meisten Rassen immer die Zuchtverbandsordnung (ZVO). Die Allgemeinen Bestimmungen gelten grundlegend für alle der FN angeschlossenen Zuchtverbände:

- Pferdezuchtverband Baden-Württemberg e.V.
- Landesverband Bayerischer Pferdezüchter e.V.

- Pferdezuchtverband Brandenburg-Anhalt e.V.
- Hannoveraner Verband e.V.
- Verband der Züchter des Holsteiner Pferdes e.V.
- Verband der Pferdezüchter Mecklenburg-Vorpommern e.V.
- Verband der Züchter des Oldenburger Pferdes e.V.
- Springpferdezuchtverband Oldenburg- International e.V.
- Rheinisches Pferdestammbuch e.V.
- Pferdezuchtverband Rheinland-Pfalz-Saar e.V.
- Pferdezuchtverband Sachsen-Thüringen e.V.
- Verband der Züchter und Freunde des Ostpreußischen Warmblutpferdes Trakehner Abstammung e.V.
- Westfälisches Pferdestammbuch e.V.
- Zuchtverband für das Ostfriesische und Alt-Oldenburger Pferd e.V.
- Verband der Züchter und Freunde des Arabischen Pferdes e.V.
- Zuchtverband für Sportpferde Arabischer Abstammung e.V. (ZSAA)
- Friesenpferde-Zuchtverband e.V.
- Stammbuch für Kaltblutpferde Niedersachsen e.V.
- Pferdestammbuch Schleswig-Holstein / Hamburg e.V.
- Bayerischer Zuchtverband für Kleinpferde und Spezialpferderassen e.V.
- Verband der Pony- und Kleinpferdezüchter Hannover e.V.
- Verband der Pony- und Pferdezüchter Hessen e.V.
- Pferdestammbuch Weser-Ems e.V.
- Zuchtverband für deutsche Pferde e.V.
- Deutscher Pinto Zuchtverband e.V.
- Deutsche Quarter Horse Association (DQHA) e.V.

Deshalb hier mit freundlicher Genehmigung der Deutschen Reiterlichen Vereinigung (FN) ein Auszug (Stand Dez 2010):

Präambel

- Im Bewusstsein ihrer Verantwortung für die Förderung der Pferdezucht,
- in dem Willen, sowohl die Arbeit der Mitgliedszüchtervereinigungen zu unterstützen und zu koordinieren als auch die Zusammenarbeit mit den staatlichen Stellen auf der Grundlage der tierzuchtrechtlichen Bestimmungen der EU, des Bundes und der Länder möglichst effektiv zu gestalten,
- in Anbetracht ihrer im öffentlichen Interesse zu erfüllenden Aufgaben im nationalen und internationalen Bereich

erlässt die Deutsche Reiterliche Vereinigung e.V. (FN) nachfolgende Zuchtverbandsordnung (ZVO).

A. Allgemeine Bestimmungen

A.I Grundbestimmungen

§ 1 Zweck und Aufgabe

Die ZVO dient der Förderung der Pferdezucht durch Koordination der züchterischen Arbeit der anerkannten Züchtervereinigungen, die Mitglieder der FN sind. Es werden die Anforderungen für die Ausgestaltung der Zuchtprogramme, für die Unterteilung und Führung der Zuchtbücher, für die Ausstellung der Pferdepässe einschließlich Zuchtbescheinigungen und für die Sicherung der Identität aller in den Zuchtbüchern eingetragenen Pferde festgelegt.

§ 2 Rechtliche Grundlagen

Die rechtlichen Grundlagen dieser Zuchtverbandsordnung sind die Bestimmungen der Europäischen Union sowie die von den Ursprungszuchtbüchern in deren Rahmen aufgestellten Grundsätze, die tierzuchtrechtlichen und tierschutzrechtlichen Bestimmungen des Bundes und der Länder, die Satzung der Deutschen Reiterlichen Vereinigung e.V. (FN) einschließlich der im Rahmen ihrer Aufgaben erlassenen Regelwerke sowie ergänzende Beschlüsse der FN- Organe.

§ 3 Umsetzung durch die Mitgliedsvereinigungen

Die Züchtervereinigungen übernehmen die Bestimmungen der ZVO nach Maßgabe der Satzung der FN in ihre eigenen Satzungen und Zuchtbuchordnungen.

Darüber hinaus legen sie in ihren Satzungen für ihre Mitglieder verbindlich fest, dass diese im Umgang mit und bei der Ausbildung von Pferden die „Leitlinien Tierschutz im Pferdesport" des Bundesministeriums für Verbraucherschutz, Ernährung und Landwirtschaft, die „Ethischen Grundsätze des Pferdefreundes" und die „Resolution zur reiterlichen Haltung gegen-über dem Pferd/Pony" der FN einhalten, sowie sich an den „Richtlinien für Reiten und Fahren" der FN orientieren.

ABBILDUNG 101: ISLÄNDER IM POLARWINTER AUF ISLAND

§ 4 BEGRIFFSBESTIMMUNGEN
(1) Züchtervereinigung

Eine Züchtervereinigung im Sinne der ZVO ist eine nach Tierzuchtrecht anerkannte Zuchtorganisation und der FN als Mitgliedsorganisation angeschlossen.

(2) Zuchtbuch

Ein von einer anerkannten Züchtervereinigung geführtes Buch der Zuchtpferde eines Zuchtprogramms zu ihrer Identifizierung und zum Nachweis ihrer Abstammung und ihrer Leistungen. Trifft die Züchtervereinigung unterschiedliche Regelungen hinsichtlich der Zuchtpferde nach Maßgabe ihrer Abstammung, so kann sie das Zuchtbuch in eine Hauptabteilung und eine besondere Abteilung unterteilen. Trifft die Züchtervereinigung unterschiedliche Regelungen hinsichtlich der Zuchtpferde nach Maßgabe ihrer Leistung, so kann sie die Hauptabteilung des Zuchtbuches in Abschnitte unterteilen. Das Zuchtbuch kann die Form eines Buches, eines Verzeichnisses, einer Datei oder eines anderen geordneten Informationsträgers haben. Es wird zwischen offenen und geschlossenen Zuchtbüchern unterschieden. In das geschlossene Zuchtbuch werden im Gegensatz zum offenen Zuchtbuch nur Tiere eingetragen, deren Eltern selbst in einem Zuchtbuch dieser Rasse eingetragen sind und eine nach den Regeln des Zuchtbuches festgestellte Abstammung haben. Abweichend davon kann ein Tier einer anderen Rasse in das Zuchtbuch einer Rasse eingetragen werden, um Fremdgene hereinzunehmen. Diese Hereinnahme von Fremdgenen zugelassener Veredlerrassen erfolgt nach den Grundsätzen des Ursprungzuchtbuches.

(3) Ursprungszuchtbuch

Die Grundsätze des Ursprungszuchtbuches einer Rasse sind für alle betroffenen Züchtervereinigungen maßgebend. Diese Grundsätze sind von den Züchtervereinigungen auf ihren Internetseiten zu veröffentlichen. Die FN vertritt die Interessen der ihr angeschlossenen Züchtervereinigungen gegenüber den nicht im räumlichen Geltungsbereich dieser ZVO tätigen Ursprungszuchtbüchern der jeweiligen Rassen. Besonders bei der Ausgestaltung der Zuchtprogramme sind die Züchtervereinigungen aufgefordert, den Grundsätzen der Ursprungszuchtbücher zu folgen, oder, soweit sie selbst das Zuchtbuch über den Ursprung einer Rasse führen, Grundsätze für diese Rasse im Sinne der EU-Bestimmungen aufzustellen.

(4) Alter des Pferdes

Für die Altersangabe gilt von im November und Dezember geborenen Pferden der 1. Januar des folgenden, bei allen anderen Pferden der 1. Januar des Geburtsjahres als Stichtag für die Jahrgangszugehörigkeit.

(5) Körung

Körung ist eine Selektionsentscheidung für die Eintragung männlicher Zuchttiere in eine Abteilung des Zuchtbuches einer Züchtervereinigung in Abhängigkeit vom jeweiligen Zuchtprogramm. In die Entscheidung gehen ein:

a) Merkmale der äußeren Erscheinung unter besonderer Berücksichtigung des Bewegungsablaufes,

b) Ergebnisse anderer Leistungsprüfungen, soweit diese vorliegen,

c) Zuchttauglichkeit und Gesundheit.

(6) Eintragung in das Zuchtbuch

Die Entscheidung der jeweiligen Züchtervereinigung über die vorläufige bzw. endgültige Eintragung eines Pferdes in eine Abteilung des Zuchtbuches nach den in der Zuchtbuchordnung festgelegten Kriterien in Abhängigkeit vom jeweiligen Zuchtprogramm.

ABBILDUNG 102: HAFLINGER IM SALZBURGER LAND

(7) Zuchtprogramm

Die Zuchtprogramme werden von den Züchtervereinigungen durchgeführt und umfassen die Maßnahmen, mit denen der züchterische Fortschritt erreicht werden soll. Im Zuchtprogramm müssen Angaben gemacht werden zu:

a) Zuchtziel

b) Zuchtmethode – einschließlich Benennung der zugelassenen Veredlerrassen

c) Art, Umfang und Durchführung der Leistungsprüfungen und der Zuchtwertschätzung und des Prüfeinsatzes, sofern dieser im Zuchtprogramm vorgesehen ist

d) Eintragungskriterien

e) Umfang der Zuchtpopulation

f) die abgeschlossenen Zusammenarbeitsvereinbarungen.

(8) Zuchtbescheinigung

Die Zuchtbescheinigung ist eine von einer anerkannten Züchtervereinigung ausgestellte Urkunde über die Abstammung und Leistung eines Zuchtpferdes. Sie kann als Abstammungsnachweis oder als Geburtsbescheinigung ausgestellt werden – sofern die Eltern in das Zuchtbuch der Rasse eingetragen sind. Die Bestimmungen sowie die Festlegung weiterer Anforderungen an die Leistungen sind in den Besonderen Bestimmungen zu den jeweiligen Rassen bzw. Rassegruppen dieser ZVO geregelt. Für Pferde, die ohne Abstammungsnachweis oder Geburtsbescheinigung ins Zuchtbuch eingetragen wurden, gilt die Bescheinigung der Eintragung als Zuchtbescheinigung.

(9) Equidenpass

Der Equidenpass dient als Dokument zur Identifizierung von Pferden nach der Vieh-Verkehrs-Verordnung (VVVO) und ist von den Züchtervereinigungen für alle registrierten Fohlen im einheitlichen Format auszustellen (s. § 10 (4) ZVO). Der Equidenpass wird bei Zuchtpferden zusammen mit der Zuchtbescheinigung eines Pferdes in einer gemeinsamen Mappe zusammengefasst.

(10) Eigentumsurkunde

Die Eigentumsurkunde wird mit identischer Lebensnummer zusätzlich zum Equidenpass ausgestellt, wenn dieser zusammen mit dem Abstammungsnachweis bzw. der Geburtsbescheinigung in einer gemeinsamen Mappe zusammengefasst ist oder keine Zuchtbescheinigung vorliegt. Die Eigentumsurkunde steht demjenigen zu, der im Sinne des BGB Eigentümer des Pferdes ist. Sie ist daher bei Veräußerung des Pferdes zusammen mit dem ebenfalls zum Pferd gehörigen Equidenpass dem neuen Eigentümer zu übergeben und bei Tod des Tieres an den ausstellenden Verband zurückzugeben.

(11) Züchter

Der Züchter eines Pferdes ist der Eigentümer der Zuchtstute zur Zeit der Bedeckung, sofern der Züchter nicht in einer besonderen Vereinbarung als solcher bezeichnet ist.

Hinweis:

Dem deutschen Sprachgebrauch entsprechend umfasst der Begriff „Pferd" alle unter B. Besondere Bestimmungen beschriebenen Rassen.

ABBILDUNG 103: DAS MERKMAL GELASSENHEIT BEKOMMT IMMER MEHR BEDEUTUNG

A.II TÄTIGKEIT DER ZÜCHTERVEREINIGUNGEN

§ 5 AUFGABEN DER ZÜCHTERVEREINIGUNGEN

Die Züchtervereinigungen wirken an der Erfüllung öffentlicher Aufgaben mit. Zu ihren Aufgaben gehören insbesondere:

- die Aufstellung und Durchführung von Zuchtprogrammen
- die Beratung der Züchter
- die Führung der Zuchtbücher
- die Sicherung der Identitätsfeststellung aller in die Zuchtbücher einzutragender Pferde

die Ausstellung von Dokumenten nach ZVO § 4 (8) bis (11).

§ 6 TÄTIGKEITSBEREICH DER ZÜCHTERVEREINIGUNGEN

Der räumliche und sachliche Tätigkeitsbereich einer Züchtervereinigung wird durch die Satzung und Zuchtbuchordnung festgelegt.

Dienstleistungen im Rahmen des Zuchtprogramms dürfen grundsätzlich nur gegenüber Mitgliedern gewährt werden. Die Züchtervereinigungen sind jedoch ausnahmsweise berechtigt, auch gegenüber Nichtmitgliedern tätig zu werden (z. B. wenn ein berechtigtes Interesse des Nichtmitgliedes vorliegt und eine Beeinträchtigung der züchterischen Arbeit zu befürchten ist).

Abbildung 104: Emil Volkers Pferdetafel (ca. 1880): Alt- Neapolitaner, Belgisches Pferd, Oldenburger, Schwedisches Pony, Pinzgauer, Clydesdaler (v.l)

A.III ZUCHTBUCHORDNUNG

§ 7 MINDESTANGABEN IM ZUCHTBUCH

Das Zuchtbuch muss für jedes eingetragene Pferd mindestens die in § 3 der Verordnung über Zuchtorganisationen formulierten Anforderungen enthalten. Dies sind:

1)   Name und Anschrift des Züchters, sowie des Eigentümers oder des Tierhalters

2) Deckdatum der Mutter

3) Geburtsdatum soweit es bekannt ist, Geschlecht, Farbe und Abzeichen

4) Lebensnummer

5) Kennzeichnung (z. B. Brand und/oder Mikrochip)

6) Eltern mit Farbe, Lebensnummer und Kennzeichnung

7) drei Vorfahrengenerationen (soweit bekannt)

8) Datum der Ausstellung der Zuchtbescheinigung

9) Bewertung der äußeren Erscheinung

10) Alle der Züchtervereinigung bekannten Ergebnisse von Leistungsprüfungen mit Datum und Prüfungsform

11) Ausstellungs- und Prämiierungserfolge, soweit für Zuchtprogramm von Bedeutung

12) die Nachzucht:

a) bei Hengsten: eingetragene Söhne und Töchter (mit Lebensnummern),

b) bei Stuten: die gesamte Nachzucht (mit Lebensnummern)

13) Das Ergebnis der neuesten Zuchtwertschätzung mit Datum

14) Entscheidungen über Eintragungen und Änderungen im Zuchtbuch

15) Sofern sie als Veredler in die Hauptabteilung eingetragen wurden, eine entsprechende Kennzeichnung

16) Datum und (falls bekannt) Ursache des Abganges

17) DNA- oder Blut-Typ bei Hengsten

18) Angabe über Zwillingsgeburt

19) bei Zuchtpferden, die aus einem Embryotransfer hervorgegangen sind, die genetischen und leiblichen Eltern sowie die Testergebnisse, die zur Überprüfung ihrer Identität und Abstammung ihrer Nachkommen erforderlich sind.

20) bei Zuchtpferden, deren Samen zur künstlichen Besamung verwendet werden soll, die Testergebnisse, die zur Überprüfung ihrer Identität und Abstammung ihrer Nachkommen erforderlich sind.

Darüber hinaus sind alle Änderungen von Angaben zu den oben genannten Nummern 3 bis 6, 15, 20 und 21 zu dokumentieren.

§ 8 Unterteilung der Zuchtbücher

Die Zuchtbücher bestehen aus einer Hauptabteilung und, nach Maßgabe des Zuchtprogramms, aus einer Besonderen Abteilung, falls das Zuchtbuch offen ist. Sie werden entsprechend der Abstammung und Leistungen der Zuchtpferde in unterschiedlichen Abteilungen (Hauptabteilung und Besondere Abteilung) mit Abschnitten unterteilt nach Hengsten, Stuten und, falls Vorgabe des Ursprungszuchtbuches, auch Wallachen, geführt. Die Unterteilung der Zuchtbücher für die verschiedenen Rassen bzw. Rassegruppen geht aus den Besonderen Bestimmungen der jeweiligen Rasse bzw. Rassegruppe hervor.

§ 9 Eintragung in das Zuchtbuch

Die Eintragung eines Zuchtpferdes in die entsprechende Abteilung (bzw. Abschnitt) des Zuchtbuches erfolgt auf Antrag anhand der tierzuchtrechtlichen Vorgaben, wenn die Identität des Pferdes nach den in ZVO § 12 festgelegten Kriterien zweifelsfrei sichergestellt ist sowie die Anforderungen an die Merkmale der äußeren Erscheinung und der Leistung erfüllt sind.

ABBILDUNG 105: DIE WEIDE IST DIE WICHTIGSTE FUTTERGRUNDLAGE IN DER PFERDEZUCHT

Die Eintragung von Zuchtpferden in eine Abteilung und den Abschnitt des Zuchtbuches muss auf der Zuchtbescheinigung oder auf einem Dokument, das Bestandteil der Zuchtbescheinigung ist, vermerkt werden.

In Ausnahmefällen kann, nachdem die Identität des Pferdes festgestellt ist, die Eintragung ohne Bewertung erfolgen. Zuchtpferde aus anderen Populationen bzw. Züchtervereinigungen können mit den dort registrierten Abstammungs- und Leistungsangaben übernommen werden.

Die Eintragung in das Zuchtbuch ist von der Züchtervereinigung zurückzunehmen, wenn eine der Voraussetzungen hierfür nicht vorgelegen hat. Die Eintragung ist von der Züchtervereinigung zu widerrufen, wenn eine der Voraussetzungen nachträglich weggefallen ist. Sie kann von der Züchtervereinigung widerrufen werden, wenn mit ihr eine Auflage verbunden ist und der Begünstigte diese nicht oder nicht fristgerecht erfüllt hat. Gegen die Eintragungsentscheidung kann der

Besitzer eines Zuchtpferdes Widerspruch einlegen. Das zuständige Gremium der Züchtervereinigung entscheidet über die Annahme des Widerspruchs und das weitere Verfahren.

§ 10 ABSTAMMUNGSNACHWEIS UND GEBURTSBESCHEINIGUNG ALS ZUCHTBESCHEINIGUNG SOWIE EQUIDENPASS UND EIGENTUMSURKUNDE

(1) Abstammungsnachweis

Die Ausstellung eines Abstammungsnachweises erfolgt, wenn folgende Voraussetzungen erfüllt sind:

a) Beide Elternteile sind im Jahr der Bedeckung oder werden spätestens im Jahr der Geburt des Fohlens (Zuchtjahr) in den entsprechenden Abschnitten des Zuchtbuches (siehe Teil B. Besondere Bestimmungen) oder auch im Zuchtbuch einer anderen Rasse eingetragen, deren Einsatz im Zuchtprogramm vorgesehen ist.

b) Die Abfohlmeldung wurde innerhalb der von der Züchtervereinigung festgelegten Frist nach dem Abfohlen vorgelegt. Die Züchtervereinigung kann bei Überschreitung dieser Frist eine Abstammungsüberprüfung mittels DNA-Typisierung anordnen.

c) Die Identifizierung des Fohlens ist durch den Zuchtleiter oder seinen Beauftragten bei Fuß der Mutterstute erfolgt, es sei denn, dass die Mutter nachweislich nicht mehr lebt. Die Züchtervereinigung muss in diesem Fall eine Abstammungsüberprüfung mittels DNA-Typisierung anordnen.

(2) Geburtsbescheinigung

Die Ausstellung einer Geburtsbescheinigung erfolgt, wenn die Bedingungen für einen Abstammungsnachweis nicht vollständig erfüllt, jedoch folgende Voraussetzungen gegeben sind:

a) Beide Elternteile müssen im Jahr der Bedeckung oder spätestens im Jahr der Geburt des Fohlens (Zuchtjahr) mindestens in die Besondere Abteilung des Zuchtbuches (siehe Teil B. Besondere Bestimmungen) oder auch im Zuchtbuch einer anderen Rasse eingetragen sein, deren Einsatz im Zuchtprogramm vorgesehen ist.

b) Die Abfohlmeldung wurde innerhalb der von der Züchtervereinigung festgelegten Frist nach dem Abfohlen vorgelegt. Die Züchtervereinigung kann bei Überschreiten dieser Frist eine Abstammungsüberprüfung mittels DNA-Typisierung anordnen.

c) Die Identifizierung des Fohlens ist durch den Zuchtleiter oder seinen Beauftragten bei Fuß der Mutterstute erfolgt, es sei denn, dass die Mutter nachweislich nicht mehr lebt. Die Züchtervereinigung muss in diesem Fall eine Abstammungsüberprüfung mittels DNA-Typisierung anordnen.

Zusätzlich zu diesen Bestimmungen sind weitere Anforderungen an die Leistungen für die Ausstellung von Abstammungsnachweisen und Geburtsbescheinigungen in den Besonderen Bestimmungen zu den jeweiligen Rassen bzw. Rassegruppen dieser ZVO geregelt.

(3) Equidenpass und Eigentumsurkunde

Der Equidenpass und die Eigentumsurkunde gehören zum Pferd. Bei Besitzwechsel ist der Equidenpass dem neuen Besitzer auszuhändigen und bei Tod des Pferdes an die ausstellende Stelle zurückzugeben. Bei Eigentumswechsel sind sowohl Equidenpass als auch Eigentumsurkunde dem neuen Eigentümer auszuhändigen.

(4) Zweitschriften

Eine Zweitschrift von einem Abstammungsnachweis, einer Geburtsbescheinigung sowie eines Equidenpasses und einer Eigentumsurkunde kann auf Antrag der Person, die das/die Original-Dokument/e verloren hat, nur bei Vorlage einer eidesstattlichen Versicherung mit notariell beglaubigter Unterschrift über den Verlust des/der Originaldokumente/s ausgestellt werden. Dies kann ausschließlich durch die Züchtervereinigung erfolgen, die das Originaldokument ausgestellt hat. Sie ist/sind deutlich als Zweitschrift zu kennzeichnen und zu nummerieren. Zweitschriften können nur gemäß der Verordnung Nr. 504/2008 der Kommission vom 6. Juni 2008 zur Umsetzung der Richtlinien 90/426/EWG und 90/427/EWG des Rates in Bezug auf Methoden zur Identifizierung von Equiden ausgestellt werden.

§ 11 Mindestangaben in Zuchtbescheinigung (Abstammungsnachweis, Geburtsbescheinigung) sowie Equidenpass und Eigentumsurkunde

(1) Abstammungsnachweis und Geburtsbescheinigung

Der Abstammungsnachweis und die Geburtsbescheinigung müssen mindestens folgende Angaben zum Pferd enthalten:

1) Name der Züchtervereinigung

2) Ausstellungstag/ -ort

3) Lebensnummer/ internationale Lebensnummer des Pferdes

4) Rasse

5) Name und Anschrift des Züchters und des Besitzers

6) Deckdatum der Mutter

7) Geburtsdatum, Geschlecht, Farbe und Abzeichen

8) Kennzeichnung

9) Namen, Lebensnummern (UELN), Geburtsnummern (falls vorhanden), Farbe und Rasse der Eltern und Namen, Lebensnummern und Rasse einer weiteren Generation

10) Die jeweilige Bezeichnung des Zuchtbuchabschnittes in der das Zuchtpferd und seine Vorfahren eingetragen sind

11) die Unterschrift des für die Zuchtarbeit Verantwortlichen oder seines Vertreters

12) das neueste Ergebnis der Leistungsprüfungen mit Datum und Prüfungsform und der Zuchtwertschätzung des Pferdes, seiner Eltern und bei reinrassigen Pferden auch seiner Großeltern, ferner die Angabe der Behörde, die den Zuchtwert festgestellt hat

13) gegebenenfalls die Entscheidung „gekört"

14) bei einem Pferd, das aus einem Embryotransfer hervorgegangen ist, außerdem die Angaben seiner genetischen und leiblichen Eltern sowie deren DNA- oder Blut-Typ

15) Sofern das Pferd in einem Abschnitt der Besonderen Abteilung des Zuchtbuches eingetragen wurde, ist die Zuchtbescheinigung mit der Überschrift „Zuchtbescheinigung für ein in einer Besonderen Abteilung eingetragenes Zuchttier" zu versehen.

(2) Equidenpass

Der von den der FN angeschlossenen Züchtervereinigungen ausgestellte Equidenpass enthält alle im Anhang 1 der Verordnung 504/2008 KOM für die Abschnitte I-X des Equidenpasses geforderten Informationen. Der Equidenpass ist im Querformat DIN A 5 auszustellen.

(3) Eigentumsurkunde

Die von den der FN angeschlossenen Züchtervereinigungen ausgestellte Eigentumsurkunde zum Equidenpass enthält folgende Angaben zum Pferd:

1) Lebensnummer/ internationale Lebensnummer des Pferdes

    2) Name des Pferdes

    3) Rasse

    4) Geschlecht

    5) Farbe

    6) Geburtsdatum

    7) Name und Anschrift des Züchters

    8) Aktive Kennzeichnung:

        a) Zuchtbrand

        b) Nummernbrand

        c) Mikrochipnummer

    9) Pedigree mit drei Generationen (sofern vorhanden)

Die Eigentumsurkunde ist im Hochformat DIN A4 auszustellen.

§ 12 IDENTIFIZIERUNG

Die Identifizierung von Pferden durch die Züchtervereinigungen erfolgt mit Hilfe der folgenden Methoden:

(1)   Angabe des Geschlechts, Beschreibung von Farbe und Abzeichen

(2)   Elektronische Kennzeichnung und Vergabe des Fohlen- und Nummernbrandes.

Alle zu registrierenden Fohlen sind im Sinne der Viehverkehrsverordnung (BGbl. 2010 Teil I Nr.9 vom 8.3.2010, S.203) gemäß Artikel 11 der Verordnung (EG) 504/2008 (Abl. 149 vom 7.6.2008, S.3) mittels elektronischer Kennzeichen zu identifizieren. Die zur Kennzeichnung erforderlichen Transponder werden behördlich ausgegeben und müssen im Sinne der Verordnung (EG) 504/2008 in Verbindung mit der ISO-Norm 11784 wie folgt zusammengesetzt sein:

1.   drei Ziffern „276" für „Deutschland" nach der ISO-Norm 3166,
2.   zwei Ziffern „02" als Tierartenkenncode für „Einhufer" und
3.   zehn Ziffern für den jeweils zu kennzeichnenden Einhufer.

Die Vergabe des Fohlenbrandes erfolgt, soweit in der Zuchtbuchordnung vorgesehen, im Jahr der Geburt durch die Züchtervereinigung, die den Abstammungsnachweis oder die Geburtsbescheinigung ausstellt.

Alle Fohlen erhalten zusätzlich mit dem Fohlenbrand den Nummernbrand, der sich aus der Lebensnummer (§ 12 (3) ZVO) ergibt. Gebrannt wird ausschließlich außen auf den linken Oberschenkel. Ausnahmen hiervon und weitere Verfahren zur aktiven Kennzeichnung bedürfen der Genehmigung der FN.

(3)   Vergabe einer Lebensnummer (universelle Equiden- Lebensnummer - Unique Equine Lifenumber - UELN)

Jedes Pferd erhält als Fohlen bei der Geburtsregistrierung eine universelle Equiden- Lebensnummer im Sinne der Verordnung (EG) 504/2008. Die Lebensnummer besteht aus 15 Stellen und ist alphanumerisch. Die ersten 3 Stellen (alpha-numerisch) beziehen sich auf das Herkunftsland, in welchem dem Pferd erstmals eine universelle Equiden-Lebensnummer Pferd vergeben wurde. Die nächsten 3 Stellen (alphanumerisch) bezeichnen die Züchtervereinigung, bei der das betreffende Pferd erstmalig eingetragen und gebrannt bzw. aktiv gekennzeichnet wurde; die nächsten 9 Stellen (alpha-numerisch) geben eine laufende

Registriernummer innerhalb der Züchtervereinigung wieder und können von dieser bis auf die letzten beiden Stellen frei vergeben werden. Für die aktive Kennzeichnung gelten als Brenn- Nummer die Stellen 12 und 13 der Internationalen Lebensnummer; das Geburtsjahr steht an Stelle 14 und 15. Universelle Equiden- Lebensnummern für im Ausland geborene Pferde sind bei der Eintragung in das Zuchtbuch zu übernehmen. Sofern im Ausland geborene Pferde noch keine solche erhalten haben, obliegt die Recherche und Vergabe der Internationalen Lebensnummer Pferd für diese Pferde dem Bereich Zucht der Deutschen Reiterlichen Vereinigung. Falls keine universelle Equiden- Lebensnummer des Ursprungszuchtbuches für im Ausland geborene Pferde existiert, werden für diese Pferde bei der Eintragung in das Zuchtbuch vom Bereich Zucht der FN 15-stellige Lebensnummern vergeben. Für in Deutschland geborene Pferde ohne Abstammungsnachweis oder Geburtsbescheinigung werden von den der FN angeschlossenen Züchtervereinigungen 15-stellige Lebensnummern vergeben. In beiden Fällen beziehen sich die ersten 3 Positionen (alpha-numerisch) auf Deutschland, das Land, in dem für diese Pferde erstmals eine Internationale Lebensnummer Pferd vergeben wurde.

Für im Ausland geborene Pferde und Ponys ohne internationale Lebensnummer wird die Lebensnummer wie folgt vergeben:

	Position 1 bis 3	Position 4 bis 6 Großpferde / Ponys	Position 7 und 8	Position 9 bis 13	Position 14 bis 15
Vor 2000 geb.	276 bzw. DE+Leer-zeichen	304 / 302	Zweistellige Codierung der ausstellenden Stelle	Laufende Registrier-nummer	Geburtsjahr des Pferdes/Pony (wenn bekannt) - sonst „00"
Ab 2000 Geb.	276 bzw. DE+Leer-zeichen	404 / 402	Zweistellige Codierung der ausstellenden Stelle	Laufende Registrier-nummer	Geburtsjahr des Pferdes/Pony (wenn bekannt) - sonst „00"

Für in Deutschland geborene Pferde ohne Abstammungsnachweis oder Geburtsbescheinigung wird die Lebensnummer wie folgt vergeben:

		Position 1 bis 3	Position 4	Position 5 und 6	Position 7 und 8	Position 9 bis 13	Position 14 bis 15
Vor 2000 geb.	276 bzw. DE+Leerzeichen		3	Zweistellige Codierung der ausstellenden Stelle	98	Laufende Registriernummer	Zuchtjahr des Pferdes/Pony (wenn bekannt) - sonst „00"
Ab 2000 Geb.	276 bzw. DE+Leerzeichen		4	Zweistellige Codierung der ausstellenden Stelle	98	Laufende Registriernummer	Geburtsjahr des Pferdes/Pony (wenn bekannt) - sonst „00"

Die universelle Equiden- Lebensnummer Pferd wird nicht verändert und auch bei einem Wechsel des Pferdes in ein anderes Zuchtbuch beibehalten.

(4) Vergabe eines Namens bei der Eintragung in das Zuchtbuch

Der bei Eintragung in ein Zuchtbuch vergebene Name muss beibehalten werden. Sofern eine Züchtervereinigung dies zulässt, kann ggf. ein neuer Name eingetragen werden, vorausgesetzt, der ursprüngliche Name wird während der gesamten Lebensdauer des Pferdes sowohl auf dem Abstammungsnachweis oder der Geburtsbescheinigung und dem Equidenpass als auch bei Veröffentlichungen stets nach dem neuen Namen in Klammern angegeben.

Die Freigabe von Namen für Klone erfolgt zentral über die FN- Bereich Zucht auf Antrag der Zuchtverbände.

Der Name eines Klons darf in keinem Fall der Name des Spendertieres sein. Bei Registrierung des Fohlens oder Eintragung in das Zuchtbuch wird für den Klon folgende Namensbezeichnung vergeben: „Individualname des Klons" mit dem in Klammern zu setzenden Namenszusatz [„Klon (Name des Spendertiers)"] – beispielsweise „Pegaso (Klon Prometea)". Für Klone sind nur Individualnamen zugelassen und keine Namenszusätze wie z. B. α, β, χ oder I, II, III zulässig.

Weitergehende Regelungen zur Namensvergabe bei der Eintragung in das Zuchtbuch sind in den Besonderen Bestimmungen zu den einzelnen Rassen oder Rassegruppen festgelegt.

§ 13 Identitätssicherung

Für jedes eingetragene Pferd bzw. zur Eintragung vorgestellte Pferd und für jedes zu registrierende Fohlen kann die zuständige Züchtervereinigung eine Abstammungsüberprüfung aufgrund des Ergebnisses einer DNA-Typisierung oder blutgruppenserologischen Untersuchungen zur Sicherung der Identität verlangen. Eine DNA-Typenkarte oder Blutgruppenkarte wird bei der zuständigen Züchtervereinigung hinterlegt.

Vor Ausstellung eines Abstammungsnachweises oder einer Geburtsbescheinigung muss eine Abstammungsüberprüfung erfolgen, wenn an der angegebenen Abstammung Zweifel bestehen. Dieses ist generell der Fall, wenn:

- eine Stute innerhalb einer oder in zwei aufeinander folgenden Rossen von zwei oder mehreren Hengsten gedeckt wurde
- die Trächtigkeitsdauer 30 Tage und mehr von der mittleren Trächtigkeitsdauer der jeweiligen Rasse abweicht
- das Fohlen nicht bei Fuß der Mutterstute identifiziert wurde.

Zur Eintragung von Hengsten ist grundsätzlich eine DNA-Typenkarte zur Sicherung der Identität vorzulegen.

Darüber hinaus wird zum Zeitpunkt der Körung bzw. der Eintragung von der zuständigen Züchtervereinigung eine Abstammungsüberprüfung des betreffenden Hengstes angeordnet. Kostenträger ist in jedem Falle der Antragsteller.

Ist die Stute oder der Hengst in einer anderen Züchtervereinigung eingetragen, so verpflichtet sich diese Züchtervereinigung zur Amtshilfe bei Sicherung der Identität.

Nach § 2 Nr. 7 der Verordnung legen die Züchtervereinigungen in ihren Zuchtbuchordnungen/Satzungen fest, welche Maßnahmen ergriffen werden, wenn Abweichungen bei der Abstammungsüberprüfung festgestellt werden oder die Abfohlmeldung nicht rechtzeitig angezeigt wurde bzw. die Kennzeichnung der Pferde nicht fristgerecht erfolgt ist. Aufzeichnungen im Rahmen der Abstammungsüberprüfung sind von den Züchtervereinigungen mindestens zehn Jahre aufzubewahren.

B. Besondere Bestimmungen

B.I Grundbestimmungen zum Zuchtprogramm

Vorbemerkungen

Das Zuchtprogramm umfasst alle Maßnahmen, die geeignet sind, einen Zuchtfortschritt im Hinblick auf das jeweilige Zuchtziel zu erreichen. Hierzu gehören insbesondere die Exterieurbeurteilung, die Leistungsprüfungen, Zuchtwertschätzungen sowie die Zuchtbucheintragung. Bei der Zuchtwertschätzung können neben Ergebnissen der eigenen Population auch solche anderer Züchtervereinigungen bzw. Stellen Berücksichtigung finden.

Aufgabe der einzelnen Züchtervereinigung ist es, für jede von ihr betreute Rasse oder Rassegruppen in eigener Verantwortung ein Zuchtprogramm durchzuführen. Zu der betreffenden, am Zuchtprogramm beteiligten Zuchtpopulation gehören alle Zuchtpferde, die in die Abteilungen des Zuchtbuches eingetragen sind. Näheres wird in den Besonderen Bestimmungen der Rassen bzw. Rassegruppen geregelt.

§ 14 BEWERTUNG DER ZUCHTPFERDE

Bewertet werden die im Zuchtprogramm definierten Merkmale. Die Bewertung erfolgt auf Sammelveranstaltungen (Körungen, Zuchtbucheintragungen, Stutenschauen, Leistungsprüfungen u.ä.), um den Vergleich einer hinreichend großen Zahl von Pferden zu ermöglichen. In begründeten Ausnahmefällen kann eine Bewertung auch außerhalb von Sammelveranstaltungen durchgeführt werden. Die Bewertung erfolgt in ganzen oder halben Noten in Anlehnung an LPO § 57,1.2:

10 = ausgezeichnet	5 = genügend
9 = sehr gut	4 = mangelhaft
8 = gut	3 = ziemlich schlecht
7 = ziemlich gut	2 = schlecht
6 = befriedigend	1 = sehr schlecht
	0 = nicht ausgeführt/nicht bewertet

Zuständig für die Bewertung sind von der jeweiligen Züchtervereinigung berufene Kommissionen, deren Entscheidung von Sachkunde, Unabhängigkeit und Neutralität geprägt ist. Dem Gremium müssen fachkundige Züchtervertreter und der Zuchtleiter oder dessen Vertreter angehören. Züchtervertreter können auch Personen sein, die nicht Mitglied der betreffenden Züchtervereinigung sind. Befangene Personen können nicht an der Entscheidungsfindung mitwirken.

§ 15 KÖRUNG, LEISTUNGSPRÜFUNGEN, ZUCHTWERTSCHÄTZUNG, ZUCHTBUCHEINTRAGUNG UND IDENTIFIKATION

Der Züchter/Hengsthalter ist verpflichtet, die Veröffentlichung und den Austausch der not-wendigen Daten zu Leistungsprüfungen, Zuchtwertschätzungen, Zuchtbucheintragung und zur Identifikation aller Pferde zu dulden, die von ihm gezüchtet wurden oder in seinem Eigen-tum oder Besitz stehen bzw. standen.

(1) Körung

(1.1) Durchführung

Das Mindestalter eines Hengstes für die Körung beträgt zwei Jahre. Um geordnete Körveranstaltungen sicherzustellen, kann eine Vorauswahl der zur Körung angemeldeten Hengste durchgeführt werden. Wenn eine Vorauswahl durchgeführt wird, ist sie Voraussetzung für die Zulassung zur Körung.

Die Körentscheidung lautet:

- gekört
- nicht gekört
- vorläufig nicht gekört.

Die Körentscheidung lautet „vorläufig nicht gekört", wenn der Hengst die Anforderungen in Bezug auf Merkmale der äußeren Erscheinung unter besonderer Berücksichtigung des Bewegungsablaufes und/oder Zuchttauglichkeit sowie Gesundheit nicht erfüllt, wenn jedoch zu erwarten ist, dass er sie zukünftig erfüllen wird. Mit der Körentscheidung kann eine Frist festgesetzt werden, bis zu deren Ablauf der Hengst wieder zur Körung vorgestellt werden kann.

Die Körentscheidung ist auf der Körveranstaltung öffentlich bekannt zu geben und dem Hengstbesitzer schriftlich mitzuteilen. Die Entscheidung „gekört" ist in die Zuchtbescheinigung (Abstammungsnachweis) einzutragen.

(1.2) Medikationskontrollbestimmungen

Zur Körung/Vorauswahl nicht zugelassen und ggf. nachträglich auszuschließen sind Hengste, denen verbotene Substanzen gem. der Listen und Durchführungsbestimmungen der ZVO (Teil D, Anlage 1 und 2) verabreicht oder an denen eine verbotene Methode angewendet oder zur Beeinflussung der Leistung, Leistungsfähigkeit oder

Leistungsbereitschaft irgendein Eingriff oder Manipulation vorgenommen wurde. Die Körkommission/Vorauswahlkommission ist berechtigt, jederzeit Medikationskontrollen als Stichproben anzuordnen. Die Durchführung der Medikationskontrollen erfolgt gem. Durchführungsbestimmungen der ZVO (Teil D, Anlage 2).Auch sind Hengste zur Körung/Vorauswahl nicht zugelassen und ggf. nachträglich auszuschließen, bei denen innerhalb von 3 Monaten (bei Anabolika 12 Monate) vor Vorstellung zur Körung/Vorauswahl ein positiver Nachweis einer verbotenen Medikation, einer verbotenen Methode oder eines unerlaubten Eingriffes zur Beeinflussung der Leistung gem. Satz 1 in der selben oder einer anderen Züchtervereinigung oder eines Pferdesportverbandes festgestellt worden ist.

(1.3) Rücknahme, Widerruf, Widerspruch

(1) Körentscheidung

Die Körung ist zurückzunehmen, wenn eine Voraussetzung für ihre Erteilung nicht vorgelegen hat. Die Körung ist zu widerrufen, wenn eine der Voraussetzungen nachträglich weggefallen ist. Sie kann widerrufen werden, wenn mit ihr eine Auflage verbunden ist und der Begünstigte diese nicht oder nicht fristgerecht erfüllt hat.

Gegen die Körentscheidung kann der Besitzer eines Hengstes Widerspruch einlegen. Der Widerspruch ist schriftlich zu begründen. Die Widerspruchsfrist beträgt zwei Wochen nach Bekanntgabe des Körurteils. Das zuständige Organ der Züchtervereinigung entscheidet über die Annahme des Widerspruchs. Wird der Widerspruch angenommen, entscheidet das zuständige Organ über die Zusammensetzung einer neuen Bewertungskommission. Ebenso wird über Ort und Zeit der Wiedervorstellung des Hengstes entschieden.

(2) Medikationskontrolle

Bei positivem Medikations- oder Manipulationsnachweis gem. Ziff. (1.2) ZVO wird die Körentscheidung widerrufen und die damit zusammenhängende Zuchtbucheintragung zu-rückgenommen. Gegen diesen Widerruf des Körurteils kann der Eigentümer des Hengstes schriftlich Widerspruch bei dem zuständigen Organ der Züchtervereinigung per Adresse Verbandshaus einlegen. Die Widerspruchsfrist beträgt zwei Wochen nach Bekanntgabe der

Entscheidung. Der Widerspruch ist binnen einer weiteren Woche zu begründen. Als Kostenvorschuss ist ein Betrag von 50 EUR spätestens mit Ablauf der Begründungsfrist beizufügen oder sicherzustellen.

Hält die Körkommission/Auswahlkommission den Widerspruch für berechtigt, so nimmt sie den Widerruf ihrer Entscheidung zurück.

(2) Leistungsprüfungen

(2.1) Durchführung und Anerkennung von Ergebnissen

> Es werden nur Ergebnisse von Leistungsprüfungen anerkannt, die nach den Besonderen Bestimmungen dieser ZVO, den HLP-Richtlinien für Leistungsprüfungen von Hengsten der ZVO, dem Tierzuchtgesetz, der Leistungs-Prüfungs-Ordnung (LPO) der Deutschen Reiterlichen Vereinigung e.V. (FN), den BMELV-Leitlinien für die Veranlagungsprüfung von Hengsten der deutschen Reitpferdezuchten und dem Reglement der Fédération Equestre Internationale (FEI) durchgeführt werden Ergebnisse ausländischer nationaler Turniersportveranstaltungen / Pferdeleistungsschauen werden anerkannt, wenn diese den genannten Platzierungen in der Rahmenrichtlinie der Deutschen Reiterlichen Vereinigung e.V. für Hengstleistungsprüfungen – Station - Alternativen zur Hengstleistungsprüfung in Form von Turniersporterfolgen – (siehe Besondere Bestimmungen der einzelnen Rassen bzw. Rassegruppen) entsprechen.
>
> Darüber hinaus werden nur Ergebnisse von Leistungsprüfungen berücksichtigt, wenn diese von der zuständigen Züchtervereinigung und von der FN anerkannt sind.
>
> Die rassenspezifisch unterschiedlichen Anforderungen zur Organisation, Durchführung und Auswertung von Eigenleistungsprüfungen sind in den Besonderen Bestimmungen der einzelnen Rassen bzw. Rassegruppen niedergelegt.
>
> (2.2) Medikationskontrolle, Ausschluss von Hengsten

Der für die Hengstleistungsprüfung zuständige Tierarzt ist zusammen mit einem weiteren Sachverständigen oder dem FN-Beauftragten jederzeit berechtigt, während der HLP Medikationskontrollen als Stichproben anzuordnen. Die Medikationskontrollen werden nach Teil D Anlage 2 der Durchführungsbestimmungen der ZVO durchgeführt.

Bei einem positiven Medikations- oder Manipulationsnachweis - entsprechend A 9. dieser HLP- Richtlinien - ist der Hengst mit sofortiger Wirkung von der Prüfung auszuschließen. Wird der Nachweis erst nach der vollständig abgelegten Prüfung geführt, ist das Prüfungsergebnis ungültig; ein bereits erteiltes Prüfungszeugnis ist zu widerrufen, einzuziehen und die damit zusammenhängende Zuchtbucheintragung zurück zu nehmen. In beiden Fällen gilt die Prüfung als angetreten und wird als Versuch dieses Hengstes gewertet, auch wenn der Ausschluss zu einem frühen Zeitpunkt erfolgt. Der Inhaber des Prüfungszeugnisses ist in diesem Fall verpflichtet, nach Eintritt der Unanfechtbarkeit des Widerrufs das Zeugnis an die FN zurückzusenden.

(2.3) HLP- Widerspruchskommission

Für einen Widerspruch gegen jede Entscheidung im Rahmen der HLP- Richtlinien steht den Betroffenen das Recht des Widerspruchs zu. Hierfür ist die HLP- Widerspruchskommission der FN zuständig. Die Verfahrensordnung der HLP-Widerspruchskommission ist Bestandteil der HLP- Richtlinien (Anlage 9 der HLP- Richtlinien der Deutschen Reiterlichen Vereinigung).

(3) Zuchtwertschätzung

Zuchtwertschätzungen erfolgen nach allgemein anerkannten und wissenschaftlich gesicherten Methoden. Dabei sind Leistungsunterschiede, die nicht genetisch bedingt sind, soweit wie möglich auszuschalten. Zuständig für die Durchführung von Zuchtwertschätzungen sind die Züchtervereinigungen oder die von ihnen jeweils beauftragten Stellen oder – soweit tierzuchtrechtlich bestimmt, die zuständige Behörde. Die

Züchtervereinigungen beauftragen die FN mit der Integrierten Zuchtwertschätzung, der HLP- Zuchtwertschätzung (HLP- Zuchtwertschätzung) sowie der Veranlagungsprüfung-Zuchtwertschätzung (VA-Zuchtwertschätzung). Diese wiederum wird im Auftrag der Deutschen Reiterlichen Vereinigung (FN) durch das Rechenzentrum VIT in Verden durchgeführt.

(3.1) Integrierte Zuchtwertschätzung

Jährlich wird die Zuchtwertschätzung für Dressur- und Springveranlagung von deutschen Reitpferden durchgeführt. Die Datengrundlage des Zuchtwertschätzmodells sind die Leistungsdaten und die Abstammungsdaten. Zu den Leistungsdaten gehören zum einen die Ergebnisse aus dem Turniersport. Berücksichtigt werden alle mit TORIS erfassten Dres-sur- und Springprüfungen bis zur Klasse S seit dem 1. Januar 1995. Auch die Ergebnisse, die junge Pferde in Dressur- und/oder Springpferdeprüfungen erzielen, fließen über die Wertnote in die Zuchtwertschätzung ein. Hinzu kommen Informationen aus den Zuchtstuten-, Veranlagungs- und Hengstleistungsprüfungen. Als Leistungsmerkmale werden die Noten für Schritt, Trab, Galopp, Rittigkeit und Freispringen (bei Zuchtstuten- und Veranlagungsprüfungen) sowie die Noten für die Gangarten, Rittigkeit, Frei- und das Parcoursspringen (bei Hengstleistungsprüfungen) verwendet. Zu diesen Leistungsdaten kommen noch die Abstammungsdaten aus mindestens zwei Generationen hinzu, die für eine verwandtschaftliche Verknüpfung herangezogen werden. Die Integrierte Zuchtwertschätzung basiert auf einem BLUP–Mehrmerkmals–Wiederholbarkeits-Tiermodell (Best- Linear Unbiased Prediction). Das Schätzverfahren berücksichtigt für alle Merkmale die Prüfung und für die Merkmale des Turniersports und der Aufbauprüfungen die Faktoren Alter x Geschlecht und Leistungsklasse des Reiters innerhalb Jahr. Falls ein Reiter mindestens 50 Starts mit mindestens 5 Pferden innerhalb eines Jahres aufweist, wird dieser direkt im Modell als eigene Einflussgröße berücksichtigt (für Aufbauprüfungen mindestens 30 Starts mit mindestens 3 Pferden). Für jedes Pferd wird in jedem Einzelmerkmal ein Zuchtwert geschätzt, es gibt also insgesamt 20 Zuchtwerte. Die Springmerkmale aller

Prüfungsarten, also der Rang in der Springprüfung, die Wertnote in der Springpferdeprüfung sowie die Beurteilung des Frei- und Parcoursspringens bei den Zuchtprüfungen werden zu einem Gesamtzuchtwert „Springen" zusammengefasst. Gleiches gilt für die Dressurmerkmale: Rangierung in der Dressurprüfung, Wertnote aus der Dressurpferdeprüfung, Beurteilung der Gangarten und der Rittigkeit aus den Zuchtprüfungen. Daraus ergibt sich der Gesamtzuchtwert „Dressur". Die Zuchtwerte für Hengste werden nur dann veröffentlicht, wenn der geschätzte Gesamtzuchtwert Springen beziehungsweise Dressur eine Sicherheit von mindestens 70 Prozent aufweist und die Schätzung auf mindestens fünf Nachkommen mit Eigenleistungen basiert.

(3.2) HLP- Zuchtwertschätzung

Im Rahmen der 70 Tage-Hengstleistungsprüfung wird als Ergebnis für jeden Hengst anhand von Durchschnittsnoten aus Training, Abschlussprüfung und Fremdreitertest ein HLP- Zuchtwert nach der BLUP (Best- Linear Unbiased Prediction) Methode für die Merkmale Dressur und Springen geschätzt. Die Datengrundlage des Zuchtwertschätzmodells sind die Leistungsdaten und die Abstammungsdaten. Zu den Leistungsdaten gehören die Wertnoten der Hengstleistungsprüfungen. Der Prüfungs- und Alterseffekt findet im Rahmen der Zuchtwertschätzung Berücksichtigung.

Der HLP- Zuchtwert Dressur setzt sich zusammen aus den Einzelzuchtwerten Schritt, Trab, Galopp und Rittigkeit. Der HLP- Zuchtwert Springen basiert auf den Einzelzuchtwerten für Springanlage im Freispringen und Parcoursspringen.

Für jeden Hengst wird zusätzlich ein HLP- Pedigree-Zuchtwert, basierend auf der HLP- Verwandteninformationen des Hengstes geschätzt und die Abweichungen zwischen HLP- Pedigree- Zuchtwerten und HLP- Zuchtwerten werden ausgewiesen.

Der HLP- Zuchtwert aus der ersten regulären Schätzung nach Abschluss des HLP- Durchgangs wird als offizielles Ergebnis der

Leistungsprüfung festgeschrieben und von der FN veröffentlicht.

(3.3) VA-Zuchtwertschätzung

Im Rahmen der Veranlagungsprüfung wird als Ergebnis für jeden Hengst anhand von Durchschnittsnoten aus Training, Abschlussprüfung und Fremdreitertest ein VA-Zuchtwert nach der BLUP (Best-Linear Unbiased Prediction) Methode für die Merkmale Dressur und Springen geschätzt. Die Datengrundlage des Zuchtwertschätzmodells sind die Leistungsdaten und die Abstammungsdaten. Zu den Leistungsdaten gehören die Wertnoten der Veranlagungsprüfungen. Der Prüfungseffekt findet im Rahmen der Zuchtwertschätzung Berücksichtigung.

Der VA-Zuchtwert Dressur setzt sich zusammen aus den Einzelzuchtwerten Schritt, Trab, Galopp und Rittigkeit. Der VA-Zuchtwert Springen basiert auf dem Einzelzuchtwert Springanlage im Freispringen.

Für jeden Hengst wird zusätzlich ein VA-Pedigree-Zuchtwert, basierend auf der VA-Verwandteninformationen des Hengstes geschätzt und die Abweichungen zwischen VA-Pedigree-Zuchtwerten und VA-Zuchtwerten werden ausgewiesen.

Der VA-Zuchtwert aus der ersten regulären Schätzung nach Abschluss des VA-Durchgangs wird als offizielles Ergebnis der Leistungsprüfung festgeschrieben und von der FN veröffentlicht.

(4) Zuchtbucheintragung

Die Zuchtbucheintragung erfolgt entsprechend § 9 ZVO sowie der Vorgaben der Besonderen Bestimmungen jeder einzelnen Rasse bzw. Rassegruppen.

(5) Identifikation

Zur Identifikation eines Pferdes werden von den Züchtervereinigungen alle hierfür relevanten Daten im Sinne der §§ 11, 12 und 13 ZVO erfasst und gespeichert. Für die

Eintragung als Zucht- oder Turnierpferd, Abstammungskontrollen oder Veröffentlichungen werden die notwendigen Daten zur Identifikation eines Pferdes zwischen FN und den Züchtervereinigungen ausgetauscht. Die Züchtervereinigungen verpflichten sich, die für diesen Datenaustausch notwendigen, satzungsgemäßen Voraussetzungen zu schaffen.

B.II RAHMENBESTIMMUNGEN FÜR DIE POPULATIONEN DER DEUTSCHEN REITPFERDEZUCHT

VORBEMERKUNGEN

Die deutsche Reitpferdezucht wird in den der FN angeschlossenen Züchtervereinigungen, die ein Zuchtbuch für deutsche Reitpferde führen, in eigenständigen Populationen betrieben. Jede Züchtervereinigung führt im Sinne der Vorgaben der EU und des deutschen Tierzuchtrechts das Zuchtbuch über den Ursprung ihrer betreuten Population. Die in dieser ZVO festgelegten Besonderen Rahmenbestimmungen sind gemeinsame Mindestanforderungen, die die Züchtervereinigungen verpflichtend in ihren Zuchtbuchordnungen berücksichtigen und durch Aufstellung von Grundsätzen für das eigene Ursprungszuchtbuch näher definiert haben.

Die folgenden Rassen gehören zu den Populationen der deutschen Reitpferdezucht: Bayer, Deutsches Pferd, Deutsches Sportpferd, Hannoveraner, Holsteiner, Mecklenburger, Oldenburger, Oldenburger Springpferd, Rheinländer, Trakehner, Westfale, Württemberger, Zweibrücker, Arabisch Partbred Typ Deutsches Reitpferd.

§ 200A RAHMENZUCHTZIEL

Für die deutsche Reitpferdezucht gilt folgendes Rahmenzuchtziel:

„Gezüchtet wird ein edles, großliniges und korrektes, gesundes und fruchtbares Pferd mit schwungvollen, raumgreifenden, elastischen Bewegungen, das aufgrund seines Temperamentes, seines Charakters und seiner Rittigkeit für Reitzwecke jeder Art geeignet ist."

§ 200C UNTERTEILUNG DER ZUCHTBÜCHER

Die Zuchtbücher für Hengste und Stuten bestehen mindestens aus einer Hauptabteilung (geschlossenes Zuchtbuch). Sie können darüber hinaus eine Besondere Abteilung umfassen. In diesem Fall gilt das Zuchtbuch als offen.

Die Hauptabteilung des Zuchtbuches für Hengste kann unterteilt werden in die Abschnitte

- Hengstbuch I
- Hengstbuch II

Die Besondere Abteilung des Zuchtbuches für Hengste ist das

- Vorbuch

Die Hauptabteilung des Zuchtbuches für Stuten kann unterteilt werden in die Abschnitte

- Stutbuch I
- Stutbuch II

Die Besondere Abteilung des Zuchtbuches für Stuten ist das

- Vorbuch

Die Züchtervereinigungen legen in ihren Satzungen fest, welche Abschnitte der Hauptabteilung der Zuchtbücher am Zuchtprogramm teilnehmen.

§ 200D EINTRAGUNGSBESTIMMUNGEN IN DIE ZUCHTBÜCHER

Es werden Hengste und Stuten nur dann in das Zuchtbuch eingetragen, wenn sie identifiziert sind, ihre Abstammung nach den Regeln des Zuchtbuches festgestellt wurde und sie die nachfolgend aufgeführten Eintragungsbedingungen erfüllen, wobei zusätzliche Anforderungen in den Satzungen der Ursprungszuchtorganisationen festgelegt werden. Ein Tier aus einem anderen Zuchtbuch der zugelassenen Rasse muss in den Abschnitt des Zuchtbuches eingetragen werden, dessen Kriterien es entspricht. Die Leistung und Abstammung der Vorfahren sind dabei ebenso zu beachten wie die des Tieres selbst.

(1) Zuchtbuch für Hengste

(1.1) Hengstbuch I (Hauptabteilung des Zuchtbuches)

(1.1.1) Endgültige Eintragung in das Hengstbuch I

Eingetragen werden frühestens im 3. Lebensjahr Hengste,

- deren Väter und Väter der Mütter und mütterlicherseits der Großmütter und der Urgroßmütter (insgesamt vier Generationen) im Hengstbuch I oder einem dem Hengstbuch I entsprechenden Abschnitt eines Zuchtbuches der (zugelassenen) Rasse eingetragen sind,

- deren Mütter in dem Stutbuch I oder einem dem Stutbuch I entsprechenden Abschnitt eines Zuchtbuches der (zugelassenen) Rasse eingetragen sind,
- die zur Überprüfung der Identität vorgestellt wurden,
- die auf einer Sammelveranstaltung der über die Eintragung entscheidenden Züchtervereinigung nach § 14 ZVO mindestens die Gesamtnote 7,0 erhalten haben,
- die im Rahmen einer tierärztlichen Untersuchung gemäß § 4 (8) ZVO die Anforderungen an die Zuchttauglichkeit und Gesundheit erfüllen sowie keine gesundheitsbeeinträchtigenden Merkmale gemäß Liste (Teil D, Anlage 4) aufweisen,
- die gemäß § 200f (2) ZVO in der 70-tägigen Leistungsprüfung im HLP- Zuchtwert Dressur oder Springen mindestens 80 Punkte und eine gewichtete Endnote von mindestens 7,0 oder eine „dressurbetonte" bzw. „springbetonte" Endnote von 8,0 und besser erreicht haben, oder die gemäß § 200f (3) ZVO die vorgeschriebenen Erfolge in Turniersportprüfungen der Disziplinen Dressur, Springen oder Vielseitigkeit erreicht haben, oder die gemäß § 200f (3) ZVO in Kombination mit § 200f (1) ZVO in der 30-tägigen Veranlagungsprüfung im VA-Zuchtwert Dressur oder Springen mindestens 80 Punkte und eine gewichtete Endnote von mindestens 7,0 oder eine

„dressurbetonte" bzw. „springbetonte" Endnote von 8,0 und besser erreicht haben,

- Hengste der Zuchtrichtung Rennpferd erfüllen die Anforderungen an die Eigenleistungsprüfung für die Zuchtrichtung Reitpferd auch dann,

  o wenn sie in Flachrennen ein Generalausgleichsgewicht (GAG) von mindestens 70 kg oder in Hindernisrennen von mindestens 75 kg oder

  o mindestens ein Generalausgleichsgewicht (GAG) von 65 kg in Flachrennen, 70 kg in Hindernisrennen bei mindestens 20 Starts in insgesamt drei Rennzeiten erreicht haben.

- Hengste der Rassen Anglo-Araber, Arabische Vollblut und Shagya- Araber erfüllen die Anforderungen an die Eigenleistung für die Zuchtrichtung auch dann, wenn sie in Leistungsprüfungen gemäß der Besonderen Bestimmungen - Zuchtprogramm ihrer eigenen Rassen (§ 601f ZVO, § 604f ZVO, § 605f ZVO) erfolgreich geprüft worden sind. Die Entscheidung der jeweiligen Züchtervereinigung über die endgültige Eintragung des Pferdes erfolgt nach den in der Zuchtbuchordnung zusätzlich festgelegten Kriterien.

- Hengste der Rasse Arabisches Partbred – Typ Deutsches Reitpferd erfüllen die Anforderungen an die Eigenleistung auch dann, wenn sie in der Leistungsprüfung „ZSAA/VZAP-Turniersportprüfung" gemäß der Bestimmungen des Zuchtprogramms ihrer eigenen Rasse erfolgreich geprüft worden sind. Die Entscheidung der jeweiligen Züchtervereinigung über die endgültige Eintragung des Pferdes erfolgt nach den in der Zuchtbuchordnung zusätzlich festgelegten Kriterien,

- die im Zuchtprogramm der jeweiligen Züchtervereinigung die für die Eintragung in das Hengstbuch I festgelegten zusätzlichen Kriterien erfüllen.

Hengste der Veredlerrassen können auch dann eingetragen werden, wenn deren Väter und Väter der Mütter und mütterlicherseits der Großmütter und der Urgroßmütter in der Hauptabteilung oder einer der Hauptabteilung entsprechenden Abteilung des entsprechenden Veredler-Zuchtbuches eingetragen sind und die vorstehenden leistungsmäßigen Anforderungen des Hengstbuches I erfüllen.

(1.1.2) Vorläufige Eintragung in das Hengstbuch I

Auf Antrag können Hengste vorläufig in das Zuchtbuch für Hengste (Hengstbuch I) ein-getragen werden,

- die dreijährig sind und noch keine Hengstleistungsprüfung nach § 200f (1) oder (2) ZVO abgelegt haben, aber die übrigen unter 1.1.1 Voraussetzungen gemäß § 200d (1.1.1) erfüllen. Diese vorläufige Eintragung gilt nur für die Decksaison bis zum 31. Oktober des Zuchtjahres als dreijähriger Hengst und erlischt automatisch für die Decksaison als vierjähriger Hengst. Diese Hengste können im Rahmen der jeweiligen Zuchtprogramme der Züchtervereinigungen für eine begrenzte Anzahl an Stuten vorläufig eingetragen werden.
- die drei- oder vierjährig sind und noch keine vollständige Hengstleistungsprüfung nach § 200f (2) abgelegt haben, aber die übrigen unter 1.1.1 Voraussetzungen gemäß § 200d (1.1.1) sowie folgende Bedingung erfüllen: wenn die Hengste in einer Veranlagungsprüfung nach § 200f (1) ZVO im VA-Zuchtwert Dressur oder Springen mindestens 80 Punkte und eine gewichtete Endnote von mindestens 7,0 oder eine „dressurbetonte" bzw. „springbetonte" Endnote von 8,0 und besser erzielt haben. Diese vorläufige Eintragung gilt dann für die Decksaison als drei- und vierjähriger Hengst.
- die fünfjährig sind und noch keine vollständige Hengstleistungsprüfung nach § 200f (2) oder (3) ZVO abgelegt haben, aber die übrigen unter 1.1.1 Voraussetzungen gemäß § 200d (1.1.1) sowie folgende Bedingungen erfüllen: wenn

die Hengste in einer Veranlagungsprüfung nach § 200f (1) ZVO im VA-Zuchtwert Dressur oder Springen mindestens 80 Punkte und eine gewichtete Endnote von mindestens 7,0 oder eine „dressurbetonte" bzw. „springbetonte" Endnote von 8,0 und besser erzielt haben sowie der Nachweis einer nach § 38 (2) LPO registrierten Platzierung, die durch ein Ergebnis von mindestens 7,5 in einer Dressurpferde-, Springpferde- oder Geländepferdeprüfungen der Klasse A oder einer Eignungsprüfung als vierjähriger Hengst erreicht wurde. Die nachweisliche Qualifikation für das Bundeschampionat des Deutschen Reitpferdes (drei- oder vierjährig) kann den Nachweis der Platzierung ersetzen. Diese vorläufige Eintragung gilt für die Decksaison als fünfjähriger Hengst.

Für sechsjährige und ältere Hengste ist eine vorläufige Zuchtbucheintragung in das Hengstbuch I nicht möglich.

(1.2) Hengstbuch II (Hauptabteilung des Zuchtbuches)

Auf Antrag werden frühestens im 3. Lebensjahr Hengste eingetragen,

- deren Väter in der Hauptabteilung oder einer der Hauptabteilung entsprechenden Abteilung eines Zuchtbuches der (zugelassenen) Rasse eingetragen sind,
- deren Mütter in der Hauptabteilung oder einer der Hauptabteilung entsprechenden Abteilung eines Zuchtbuches der (zugelassenen) Rasse eingetragen sind.

Darüber hinaus können Nachkommen von im Vorbuch eingetragenen Zuchtpferden ein-getragen werden,

- wenn die Vorbuch-Vorfahren über zwei Generationen mit Zuchtpferden aus der Hauptabteilung eines Zuchtbuches der (zugelassenen) Rasse angepaart wurden,
- die auf einer Sammelveranstaltung einer Züchtervereinigung nach § 14 ZVO mindestens die Gesamtnote 7,0 erhalten haben,

- die im Rahmen einer tierärztlichen Untersuchung gemäß den Bestimmungen des jeweiligen Zuchtprogramms die Anforderungen an die Zuchttauglichkeit und Gesundheit sowie die Bestimmungen bezüglich der gesundheitsbeeinträchtigenden Merkmale gemäß der dort aufgeführten Liste erfüllen.

(1.4) Vorbuch (Besondere Abteilung des Zuchtbuches)

Es können Hengste frühestens im 3. Lebensjahr eingetragen werden,

- die nicht in eines der vorstehenden Zuchtbücher für Hengste eingetragen werden können, aber dem Zuchtziel der betreffenden Rasse entsprechen,
- die zur Überprüfung der Identität vorgestellt wurden,
- die in der Bewertung der äußeren Erscheinung gem. § 14 ZVO mindestens eine Gesamtnote von 5,0 erreichen,

(2) Zuchtbuch für Stuten

(2.1) Stutbuch I (Hauptabteilung des Zuchtbuches)

Es werden Stuten eingetragen, die im Jahr der Eintragung mindestens dreijährig sind,

- deren Väter und Väter der Mütter und mütterlicherseits der Großmütter und der Urgroßmütter (insgesamt vier Generationen) im Hengstbuch I oder einem dem Hengstbuch I entsprechenden Abschnitt eines Zuchtbuches der (zugelassenen) Rasse ein-getragen sind,
- deren Mütter in der Hauptabteilung oder einer der Hauptabteilung entsprechenden Abteilung eines Zuchtbuches der (zugelassenen) Rasse eingetragen sind,
- die zur Überprüfung der Identität vorgestellt wurden,
- die in der Bewertung der äußeren Erscheinung gemäß § 14 ZVO die im Zuchtprogramm der betreffenden Rasse für die Eintragung in das Stutbuch I festgelegten Kriterien erfüllen,

- die die Anforderungen an die Zuchttauglichkeit und Gesundheit erfüllen sowie keine gesundheitsbeeinträchtigenden Merkmale gemäß Liste (Teil D, Anlage 4) aufweisen.

Stuten der Veredlerrassen können auch dann eingetragen werden, wenn deren Väter und Väter der Mütter und mütterlicherseits der Großmütter und der Urgroßmütter in der Hauptabteilung oder einer der Hauptabteilung entsprechenden Abteilung des entsprechenden Veredler-Zuchtbuches eingetragen sind und die vorstehenden leistungsmäßigen Anforderungen des Stutbuches I erfüllen.

(2.2) Stutbuch II (Hauptabteilung des Zuchtbuches)

Es werden Stuten eingetragen, die im Jahr der Eintragung mindestens dreijährig sind,

- deren Väter in der Hauptabteilung oder einer der Hauptabteilung entsprechenden Abteilung eines Zuchtbuches der (zugelassenen) Rasse eingetragen sind,
- deren Mütter in der Hauptabteilung oder einer der Hauptabteilung entsprechenden Abteilung eines Zuchtbuches der (zugelassenen) Rasse eingetragen sind.

Darüber hinaus können Nachkommen von im Vorbuch eingetragenen Zuchtpferden ein-getragen werden,

- wenn die Vorbuch-Vorfahren über zwei Generationen mit Zuchtpferden aus der Hauptabteilung eines Zuchtbuches der (zugelassenen) Rasse angepaart wurden,
- die in der Bewertung der äußeren Erscheinung gem. § 14 ZVO mindestens eine Gesamtnote von 6,0 erreicht haben, wobei die Wertnote 5,0 in keinem Eintragungsmerkmal unterschritten wurde.

- die die Anforderungen an die Zuchttauglichkeit und Gesundheit erfüllen sowie keine gesundheitsbeeinträchtigenden Merkmale gemäß Liste (Teil D, Anlage 4) aufweisen.

(2.4) Vorbuch (Besondere Abteilung des Zuchtbuches)

Es werden Stuten eingetragen, die im Jahr der Eintragung mindestens dreijährig sind,

- die nicht in eines der vorstehenden Zuchtbücher für Stuten eingetragen werden können, aber dem Zuchtziel der betreffenden Rasse entsprechen,
- die zur Überprüfung der Identität vorgestellt wurden,
- die in der Bewertung der äußeren Erscheinung gem. § 14 ZVO mindestens eine Gesamtnote von 5,0 erreichen.

§ 200E AUSSTELLUNG VON ZUCHTBESCHEINIGUNGEN

Für jedes Pferd, bei dem der Vater in das Hengstbuch I und die Mutter in einem der Abschnitte der Hauptabteilung der jeweiligen Züchtervereinigung eingetragen sind, wird eine Zuchtbescheinigung gemäß § 10 ZVO als Abstammungsnachweis ausgestellt. Alle anderen erhalten eine Zuchtbescheinigung gemäß § 10 ZVO als Geburtsbescheinigung.

Die Züchtervereinigungen legen in ihren Satzungen die in § 4 (11) ZVO genannten weiteren Anforderungen an die Abstammung und/oder Leistung für die Ausstellung von Zuchtbescheinigungen als Abstammungsnachweis oder Geburtsbescheinigung fest.

Vater	Mutter	Haupt-Abteilung		Besondere Abteilung
		Stutbuch I	Stutbuch II	Vorbuch (Stuten)
Hauptabteilung	Hengstbuch I	Abstammungs-nachweis	Abstammungs-nachweis	Geburts-bescheinigung
	Hengstbuch II	Geburts-bescheinigung	Geburts-bescheinigung	Geburts-bescheinigung
Besondere Abteilung	Vorbuch (Hengste)	Geburts-bescheinigung	Geburts-bescheinigung	Geburts-bescheinigung

§ 200F HENGSTLEISTUNGSPRÜFUNGEN

Die Prüfungen werden nach den allgemein anerkannten Regeln des Reitsports, nach den Besonderen Bestimmungen der ZVO (§15 ZVO) sowie nach den HLP - Richtlinien für Leistungsprüfungen von Hengsten der ZVO (Teil F der ZVO – HLP-Richtlinien) durchgeführt. Sie sind Leistungsprüfungen im Sinne des Tierzuchtgesetzes und können als Stationsprüfung, als Turniersportprüfung oder als Kombination aus Veranlagungsprüfung und Stationsprüfung oder als Kombination aus Veranlagungsprüfung und Turniersportprüfung durchgeführt werden. Für Stations- und Feldprüfungen gelten die Allgemeine Bestimmungen der HLP- Richtlinie für Leistungsprüfungen von Hengsten der ZVO (Teil F der ZVO – HLP- Richtlinien) verbindlich.

(1) 30-tägige Veranlagungsprüfung von Hengsten der Deutschen Reitpferdezuchten

Die Veranlagungsprüfung auf Station wird als ununterbrochener Durchgang über einen Zeitraum von mindestens 30 Tagen durchgeführt. Sie besteht aus einer Trainingsphase (Vorprüfung) und einer Abschlussprüfung und wird gemäß der HLP -Richtlinien für Leistungsprüfungen von Hengsten der ZVO sowie in Anlehnung an die BMELV- Leitlinien für die Veranlagungsprüfung von Hengsten der Deutschen Reitpferdezuchten durchgeführt (Teil F der ZVO - HLP- Richtlinien und Leitlinien).

Für die Veranlagungsprüfung gelten verbindlich die Besonderen Bestimmungen für Stationsprüfungen sowie die Besonderen Bestimmungen für die 30-tägige Veranlagungsprüfung von Hengsten der Deutschen Reitpferdezuchten der HLP-Richtlinie für Leistungsprüfungen von Hengsten der ZVO (Teil F der ZVO – HLP - Richtlinien).

(2) 70-tägige Leistungsprüfung von Hengsten der Deutschen Reitpferdezuchten

Die Stationsprüfung wird als ununterbrochener Durchgang über einen Zeitraum von mindestens 70 Tagen durchgeführt. Sie besteht aus einer Trainingsphase (Vorprüfung) und einer Abschlussprüfung und wird gemäß der HLP- Richtlinien für Leistungsprüfungen von Hengsten der ZVO durchgeführt (Teil F der ZVO - HLP-Richtlinien). Für die Stationsprüfung gelten verbindlich die Besonderen Bestimmungen für Stationsprüfungen sowie die Besonderen Bestimmungen für die 70-tägige Leistungsprüfung von Hengsten der Deutschen Reitpferdezuchten der HLP- Richtlinie für Leistungsprüfungen von Hengsten der ZVO (Teil F der ZVO - HLP-Richtlinien).

(3) Turniersportprüfung

Alternativ zur Eigenleistungsprüfung auf Station gilt die Leistungsprüfung auch dann als abgelegt, wenn die Hengste - sofern dies im Zuchtprogramm der jeweiligen Züchtervereinigung festgelegt ist - Erfolge in Eigenleistungsprüfungen im Turniersport nachweisen können. Die Turniersportprüfung wird in den Disziplinen Dressur, Springen und Vielseitigkeit durchgeführt.

Für Hengste der Populationen des Deutschen Reitpferdes werden folgende Turniersportergebnisse berücksichtigt:

- die 5malige Platzierung an 1. bis 3. Stelle in Springen der Kl. S* oder die 3malige Platzierung mindestens in Springen Kl. S** oder
- die 5malige Platzierung an 1. bis 3. Stelle in Dressur der Kl. S oder die 3malige Platzierung mindestens in Dressur Kl. S - Intermediaire II oder
- die 3malige Platzierung an 1. bis 3. Stelle in der Vielseitigkeit CCI*/CIC** (bzw. vergleichbare nationale Prüfungen wie GVL/VM) oder die 3malige Platzierung mindestens in der Vielseitigkeit CCI**/CIC*** (bzw. vergleichbare nationale Prüfungen wie GVM/VS) oder
- in Kombination mit einer Veranlagungsprüfung (gemäß ZVO § 200f (1))
  - ○ der Nachweis der Qualifikation für das Bundeschampionat des fünfjährigen Deutschen Dressurpferdes, Deutschen Springpferdes oder Deutschen Vielseitigkeitspferdes oder

o der Nachweis der Qualifikation für das Bundeschampionat des sechsjährigen Deutschen Dressurpferdes, Deutschen Springpferdes oder Deutschen Vielseitigkeitspferdes.

§ 200G ZUCHTSTUTENPRÜFUNGEN

Die Prüfungen werden nach den allgemein anerkannten Regeln des Reitsports durchgeführt. Sie sind Leistungsprüfungen im Sinne Tierzuchtgesetz und können als Stationsprüfung oder als Feldprüfung durchgeführt werden.

(1) Stationsprüfung

(1.1) Dauer

Die Prüfung dauert mindestens 14 Tage und besteht aus einer Trainingsphase (Vorprüfung und einer Abschlussprüfung.

(1.2) Orte

Von den Züchtervereinigungen ausgewählte Prüfungsstationen.

(1.3) Zulassungsbedingungen

Teilnahmeberechtigt sind dreijährige und ältere Stuten. Die Stuten müssen die Impfbestimmungen der LPO der Deutschen Reiterlichen Vereinigung erfüllen und geritten sein.

(1.4) Training

Aufgrund der Beurteilungen und Feststellungen während des Trainings werden die Stuten vor Beginn der Abschlussprüfung vom Trainingsleiter in folgenden Merkmalen bewertet:

1. Interieur

2. Grundgangarten

   o Trab
   o Galopp
   o Schritt

3. Rittigkeit

4.   Springanlage

      o   Freispringen

(1.5) Abschlussprüfung

Der abschließende Veranlagungstest wird von mindestens zwei Sachverständigen und mindestens einem Fremdreiter abgenommen. Im einzelnen werden die Stuten in folgen-den Merkmalen bewertet:

     1.   Grundgangarten

- Trab
- Galopp
- Schritt

2.   Rittigkeit

3.   Springanlage

- Freispringen

(1.6) Beurteilungsrichtlinien

Die Bewertung der Merkmale erfolgt nach § 14 ZVO :

10 = ausgezeichnet	5 = genügend
9 = sehr gut	4 = mangelhaft
8 = gut	3 = ziemlich schlecht
7 = ziemlich gut	2 = schlecht
6 = befriedigend	1 = sehr schlecht

Maßgebend für die Beurteilung ist die Eignung als Zuchtstute im Hinblick auf die Verbesserung der Reitpferdeeigenschaften der Populationen.

Die Stuten sind bei Anlieferung und während der gesamten Trainingszeit hinsichtlich ihrer Kondition, Konstitution und Gesundheit genauestens zu beobachten. Stuten, die konditionell, konstitutionell bzw. gesundheitlich nicht der Norm entsprechen, werden nicht zur Stationsprüfung zugelassen bzw. sind vom weiteren Training sowie von der Prüfung auszuschließen.

(1.7) Gewichtungsrahmen der Merkmale und Ergebnisermittlung

Bei der Ermittlung des Endergebnisses (gewichtete Endnote) jeder einzelnen Stute wer-den die beurteilten Merkmale nach folgendem Schema gewichtet. Jede Züchtervereinigung legt in ihrer Satzung die entsprechenden Merkmalsgewichte innerhalb des nachfolgendenden Gewichtungsrahmens fest. Die Summe aller gewichteten Einzelbewertungen ergibt das Endergebnis (gewichtete Endnote).

Merkmale	Fremdreiter	Fremdreiter	Sachverständige	Gesamt
Interieur	10-15			**10-15**
Grundgangarten	10-20	10-25	15-20	**25-35**
Rittigkeit	10-20		0-15	**25-40**
Springanlage	10-20		10-20	**20-30**
Minimal-/Maximal-Bewertung	**40-60**		**40-60**	**100**

Die Prüfung gilt als bestanden, wenn ein Endergebnis (gewichtete Endnote) entsprechend der Vorgaben der jeweiligen Züchtervereinigung erreicht wurde. Die Anerkennung des Endergebnisses obliegt den Züchtervereinigungen.

Eine Auswertung nicht vollständig absolvierter Prüfungen wird nur vorgenommen, wenn die Stute mindestens in 2/3 (66,67%) der oben genannten Merkmale bewertet worden ist. Die prozentuale Angabe der Prüfungsteile, an denen die Stute teilgenommen hat und bewertet wurde, ergibt sich aus der Summe der in obigem Schema aufgeführten wirtschaftlichen Gewichte zur Berechnung des Endergebnisses.

Bei Stuten, die in mehr als 2/3 (66,67%) der oben genannten Merkmale bewertet worden sind, werden als Ergebnis der nicht absolvierten Teilprüfungen die entsprechenden Noten aus dem Training übernommen. Die übernommenen Noten sind im Ergebnisblatt zu kennzeichnen. Die Anerkennung des Prüfungsergebnisses obliegt den Züchtervereinigungen. Hinweise auf Mängel sowie Verhaltensstörungen im Verlaufe der Prüfung sind vom Trainingsleiter schriftlich festzuhalten und den Züchtervereinigungen mitzuteilen.

(1.8) Veröffentlichung der Prüfungsergebnisse

Nach Beendigung des abschließenden Tests erfolgt eine öffentliche Bekanntgabe der Endergebnisse der einzelnen Stute. Der Besitzer jeder Stute erhält ein Zeugnis über das erzielte Endergebnis der Stute, aus dem die Bewertungen der einzelnen Merkmale sowie die Durchschnittsleistungen der Prüfungsgruppe ersichtlich sind.

(1.9) Wiederholung einer Prüfung

Die Stationsprüfung kann einmal wiederholt werden. In diesem Fall gilt das Ergebnis der wiederholten Stationsprüfung. Scheidet eine Stute vor Ablauf der Hälfte der Trainingsdauer aus der Stationsprüfung aus, so liegt eine Stationsprüfung nicht vor.

(2) Feldprüfung

(2.1) Dauer

Die Prüfung wird als mindestens eintägiger Veranlagungstest durchgeführt.

(2.2) Orte

Von den der FN angeschlossenen Züchtervereinigungen ausgewählte Prüfungsorte.

(2.3) Zulassungsbedingungen

Teilnahmeberechtigt sind dreijährige und ältere Stuten.

Die Stuten müssen die Impfbestimmungen der LPO der Deutschen Reiterlichen Vereinigung erfüllen und geritten sein.

(2.4) Veranlagungstest

Der Veranlagungstest wird von mindestens zwei Sachverständigen und mindestens einem Fremdreiter abgenommen. Im einzelnen werden die Stuten in folgenden Merkmalen bewertet:

1.   Grundgangarten

- Trab
- Galopp
- Schritt

2.   Rittigkeit

3.   Springanlage

- Freispringen

(2.5) Beurteilungsrichtlinien:

Die Bewertung der Merkmale erfolgt nach § 14 ZVO :

10 = ausgezeichnet	5 = genügend
9 = sehr gut	4 = mangelhaft
8 = gut	3 = ziemlich schlecht
7 = ziemlich gut	2 = schlecht
6 = befriedigend	1 = sehr schlecht

Maßgebend für die Beurteilung ist die Eignung als Zuchtstute im Hinblick auf die Verbesserung der Reitpferdeeigenschaften der Populationen.

Die Stuten sind hinsichtlich ihrer Kondition, Konstitution und Gesundheit genauestens zu beobachten. Stuten, die konditionell, konstitutionell bzw. gesundheitlich nicht der Norm entsprechen, werden nicht zur Feldprüfung zugelassen bzw. sind von der Prüfung auszuschließen.

(2.6) Gewichtungsrahmen der Merkmale und Ergebnisermittlung

Bei der Ermittlung des Endergebnisses (gewichtete Endnote) jeder einzelnen Stute wer-den die beurteilten Merkmale nach folgendem Schema gewichtet. Jede Züchtervereinigung legt in ihrer Satzung die entsprechenden Merkmalsgewichte innerhalb des nachfolgenden Gewichtungsrahmens fest. Die Summe aller gewichteten Einzelbewertungen ergibt das Endergebnis (gewichtete Endnote).

Merkmale	Fremdreiter	Sachverständige	Gesamt
Grundgangarten		30 – 50	**30 – 50**
Rittigkeit	10 - 40	0 – 30	**25 – 40**
Springanlage		20 – 40	**20 – 40**
Minimal-/Maximal-Bewertung	10 - 40	65 - 90	**100**

Die Prüfung gilt als bestanden, wenn ein Endergebnis (gewichtete Endnote) entsprechend der Vorgaben der jeweiligen Züchtervereinigung erreicht wurde. Die Anerkennung des Prüfungsergebnisses obliegt den Züchtervereinigungen.

(2.7) Veröffentlichung der Prüfungsergebnisse

Nach Beendigung des Veranlagungstests erfolgt eine öffentliche Bekanntgabe der Endergebnisse der einzelnen Stute. Der Besitzer jeder Stute erhält ein Zeugnis über das er-zielte Endergebnis der Stute, aus dem die Bewertungen der einzelnen Merkmale sowie die Durchschnittsleistungen der Prüfungsgruppe ersichtlich sind.

(2.8) Wiederholung einer Prüfung

Die Feldprüfung kann einmal wiederholt werden.

(3) Turniersportprüfung

Alternativ zur Eigenleistungsprüfung gilt die Leistungsprüfung auch dann als abgelegt, wenn die Stuten Erfolge in Turniersportprüfungen nachweisen können. Die Turniersportprüfung wird in den Disziplinen Dressur, Springen und Vielseitigkeit durchgeführt.

Folgende Turniersportergebnisse werden berücksichtigt:

- 3 Siege in Dressur- oder Springprüfungen der Klasse L oder
- 3 Platzierungen in Dressur- oder Springprüfungen der Kl. M oder S oder
- 3 Siege in Vielseitigkeitsprüfungen der Kl. A oder
- 1 Sieg in einer Vielseitigkeitsprüfung der Kl. L oder
- 1 Platzierung in einer Vielseitigkeitsprüfung der Kl. M oder S.

§ 200H WEITERE BESTIMMUNGEN
(1) Vergabe eines Namens bei gekörten Hengsten

Der Zuchtname eines jeden gekörten Hengstes muss über die verantwortliche Züchtervereinigung vom FN- Bereich Zucht zugelassen werden. Eine direkte Abstimmung zwischen Hengsthaltern und dem FN- Bereich Zucht ist nicht möglich. Ein Name gilt erst dann als vergeben, wenn dieser vom Bereich Zucht genehmigt und der Hengst unter diesem Namen in die FN- Hengstdatei aufgenommen wurde.

Die Züchtervereinigungen beantragen die Namen schriftlich, mindestens unter Nennung der Universal Equine Life Number (UELN) sowie des Namens und der UELN des Vaters und der Mutter. Ein einmal vergebener Zuchtname kann nicht mehr geändert werden, d.h. überall dort, wo der Hengst als Zuchttier auftritt, wird unter seiner Universal Equine Life Number (UELN) stets der gesamte in der FN-Hengstdatei registrierte Name verwendet. Dies ist unabhängig davon, ob der betreffende Hengst als Turnierpferd einen anderen Namen führt. Bei der Vergabe von Hengstnamen führt die FN keine Prüfung der Rechte dritter durch. Wird ein Hengstname ohne Zustimmung des FN - Bereiches Zucht verwendet, so wird der Hengst als Zuchttier in der FN- Hengstdatei unter der Bezeichnung „Name nicht genehmigt" geführt (z. B. im Jahrbuch Zucht, im Pedigree seiner Nachkommen).

Ein Name gilt als gesperrt, wenn dieser bzw. ein in Schreibweise oder Phonetik sehr ähnlicher Name bereits einmal vergeben wurde. Im Einzelfall kann ein phonetisch gleichklingender Name bei unterschiedlicher Schreibweise genehmigt werden, sofern die Zustimmung der Züchtervereinigung vorliegt, der den phonetisch gleichklingenden Namen zuerst registriert hat. Zusatzbuchstaben und Prefixe, d. h. Namenszusätze vor dem Hengstnamen sind nicht erlaubt.

Suffixe, d. h. Namenszusätze nach dem Hengstnamen werden zugelassen, sind aber nicht züchter- oder zuchtstättenbezogen geschützt. Suffixe und Zusatzbuchstaben mit Bezug auf den Hengsthalter/die Zuchtstätte/die Züchtervereinigung hinter dem Hengstnamen sind, wenn von der Züchtervereinigung akzeptiert, nur dann möglich, wenn der Name auch ohne Zusätze freigegeben werden kann. Diese genehmigten Namenszusätze und Zusatzbuchstaben sind Bestandteil des Hengstnamens und sind von allen Zuchtverbänden bei Eintragung des Hengstes in das Zuchtbuch zu übernehmen, auch wenn der Hengst zwischenzeitlich den Besitzer gewechselt hat.

Arabische und römische Zahlen sowie Abkürzungen und Sonderzeichen als Namenszusatz sind nicht zulässig. Der Name selbst darf nicht aus einer Abkürzung bestehen. Aufgehoben wird die Sperrung für Namen von Hengsten, die aus dem Deckeinsatz ausgeschieden sind und die seit 15 Jahren keine Nachkommen-Jahresgewinnsumme mehr haben. Erfolgt innerhalb von vier Jahren nach der Namensreservierung keine Eintragung des Hengstes in das Zuchtbuch einer Züchtervereinigung, so wird der reservierte Name wieder freigegeben.

Ein einmal vergebener Zuchtname für einen Hengst kann nur dann geändert werden, wenn die erstkörende bzw. ersteintragende Züchtervereinigung der Namensänderung zustimmt und der Hengst noch nicht im Deckeinsatz war.

Die Züchtervereinigungen haben die Möglichkeit, einzelne Namen grundsätzlich sperren zu lassen. Diese sind dem Bereich Zucht schriftlich mitzuteilen.

Für noch nicht gekörte Hengste kann keine Reservierung von Namen erfolgen.

(2) Ausnahmeregelungen

a) Namen von Englischen Vollblut-, Traber-, Araber- Hengsten werden grundsätzlich beibehalten.

b) Im Ausland gezogene Hengste, die bereits im Zuchtbuch der Ursprungszüchtervereinigung geführt werden, können ihren Hengstnamen beibehalten, wenn die entsprechende Ländercodierung der UELN dem Namen zugefügt wird.

c) In Deutschland gezogene Hengste, die bereits im Ausland gedeckt haben und eingetragen sind, aber nicht im Zuchtbuch der Ursprungszüchtervereinigung geführt wer-den, können ihren im Ausland erworbenen Namen beibehalten. Sie erhalten aber zusätzlich zum Namen die entsprechende UELN- Ländercodierung der ausländischen Züchtervereinigung.

d) Ein für einen Hengst einmal vergebener Name darf für Vollbrüder dieses Hengstes mit der entsprechenden, römischen Zusatzzahl verwendet werden.

e) Hengste, die bei der Eintragung in die FN- Hengstdatei bereits Erfolge in Prüfungen der Klasse S erzielt haben, können ihren Sportnamen auch in der Zucht weiterführen, auch wenn dieser bereits vergeben ist.

(3) Kosten

Mit der Freigabe des Namens wird eine Gebühr in Höhe von Euro 20,00 (zzgl. MwSt.) fällig. Der Betrag wird der jeweiligen Züchtervereinigung per Sammelrechnung (inkl. Auflistung der jeweiligen Namen) in Rechnung gestellt.

STICHWORTVERZEICHNIS

Q

R

auch im
iBook Store

[Bd 1] Stallklima ISBN 9-783-83709960-7
Hustende Pferde kommen immer aus einem miefigen Stall. Endlich lernen Profis mit innovativer Technik das Stallklima zu beherrschen.

[Bd 2] Nachhaltige Fütterung ISBN 9-783-83913120-6
Nachhaltiges Handeln und ein praxisorientiertes Qualitätsmanagement garantiert eine tiergerechte Ernährung, macht Pferde leistungsfähiger, gelassener, lässt sie länger leben und senkt die Futterkosten drastisch.

[Bd 3] Formeln&Faustzahlen ISBN 9-783-83915426-7
Wie oft atmet das Pferd im Galopp, wie ist ein Reitboden aufgebaut, hat der Schmied gut gearbeitet und was ist eigentlich ein Phänotyp? Viele Fragen, viele Antworten. Ein Buch.

[Bd 4] Verordnung & Lehrplan ISBN 9-783-83918715-9
Die Verordnung zum Beruf und den Rahmenlehrplan der Berufsschule immer zur Hand.

278

www.pferdewirtpruefung.de

Unabhängige, engagierte Informationen über den Beruf Pferdewirt:

- ☑ innovativ
- ☑ mutig
- ☑ nah am Beruf
- ☑ ehrlich
- ☑ ungeschminkt
- ☑ kostenfrei
- ☑ hilfreich
- ☑ aktuell

 Hilfe ist nur einen Mausklick entfernt.

Nachhaltige Pferdefütterung

Von den Profis im Landgestüt Warendorf genutzt

Rationsberechnungsprogramm WIN*ration*. Zum Erstellen von Futterrationen. Eine Software mit einem nachhaltigen Fütterungskonzept und umfangreichen Hilfetexten:

Weniger Koliken, leistungsbereitere, gesündere und gelassenere Pferde bei gleichzeitiger, deutlicher Kostenoptimierung.

Erhältlich im Buchhandel: ISBN 978-3-88542-402-4

oder beim FN*verlag* : www.fnverlag.de

Nutzerforum: www.winration.info

90 % aller Vergiftungen sind vermeidbar!

Wie?

Mit einem Besuch im Buchhandel,

bei amazon oder im iBook Store!